はじめての Webデザイン&プログラミング

HTML、CSS、JavaScript、PHPの基本

村上 祐治 著

森北出版

まえがき Preface

近年、情報機器はビジネスの世界だけでなく、学校などの教育現場や家庭まで広がり、利用場面に応じて、パソコン、タブレット、スマートフォンなどのさまざまなデバイスが利用されています。それらの情報機器の多くで稼働するWebブラウザは、ホームページを閲覧するためのツールとして、広く利用されてきました。ホームページは、重要な情報を発信するためのツールとして現代社会で欠かせないものとなっています。しかし、Webブラウザは、ホームページによる一方向の情報発信だけに利用されるわけではありません。SNS、ネット通販、フリーマーケットアプリなどでは、ログインしたユーザとの間でデータが双方向にやり取りされ、重要なコミュニケーションツールやさまざまな商取引のツールとして利用されています。

事前に用意したページを表示するだけのホームページではなく、利用者の入力に応じて動的に変更可能なWebページを作成するためには、Webブラウザ上の内容や表現を変更したり、Webサーバ上のデータベースを操作したりする技術が必要となります。

本書は、読者のみなさまに、このような動的なWebページを作成できるようになってもらうことを目指しています。C言語やC#などの一つのプログラミング言語を修得ずみで、アプリケーション開発やより現実的な実習をしたい人を読者対象としていますが、本書の中でもプログラムの基本的な構文は学習します。プログラマーやシステムエンジニアを目指す学生やWebアプリケーションに興味がある人に読んでもらいたい本です。

Webアプリケーションの開発においては、フロントエンドとよばれる画面デザインやユーザインターフェースを担当する人と、バックエンドとよばれるサーバサイドプログラミングを担当する人に分かれます。開発現場では分業して開発を行うことも多いようですが、それぞれのエンジニアは、他のパートの担当部分についても理解がないと優れたシステムを構築することはできません。Webアプリケーションを構築するうえでは、フロントエンドとバックエンドの両方の開発手法を学ぶことが重要なのです。

本書は、Webページのデザインを定義する方法を学ぶ「Webデザイン編」、Webブラウザの画面を動的に変更する方法やサーバ上でデータを管理する方法を学ぶ「Webプログラミング編」、カレンダー形式のスケジュール管理システムを例題としてデータベースへの格納方法を学ぶ「Webアプリケーション編」の三つのブロックに分かれています。それぞれの項目が開発におけるどの立場か、どの段階かを意識し、本書を読み進めることで、Webアプリケーション開発のスタートラインに立っていただき、わかりやすく、安定したWebアプリケーションを構築できる技術者を目指していただきたいと思います。

2023年5月

村上祐治

目次 Contents

Web プログラミング編

本書に登場するプログラムのファイルは下記 URL より入手できます。

https://www.morikita.co.jp/books/mid/085721

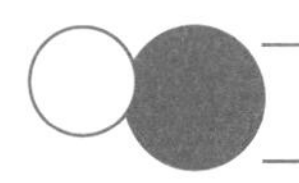

本書で学ぶこと、できるようになること

本書は、「Web デザイン編」「Web プログラミング編」「Web アプリケーション編」の三つのブロックに分かれています。各章は以下のように関係しています。

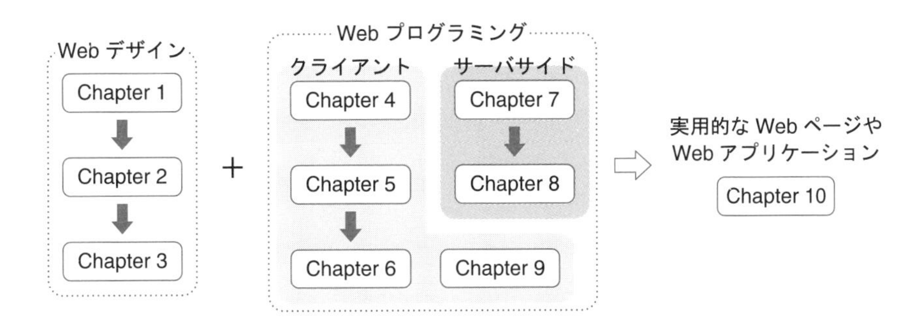

(1) Web デザイン編：Chapter 1 ～ 3

HTML と CSS を使った Web ページの作成方法について学びます。

Chapter 1　HTML による Web ページ作成

Web ページを作成するための基本的な仕組みと、記述言語 HTML の基本構文を学びます。HTML の書式の中でもよく使うものを中心に記述方法を解説します。この章をマスターすれば、右図のような、最低限の Web ページを作成できるようになります。

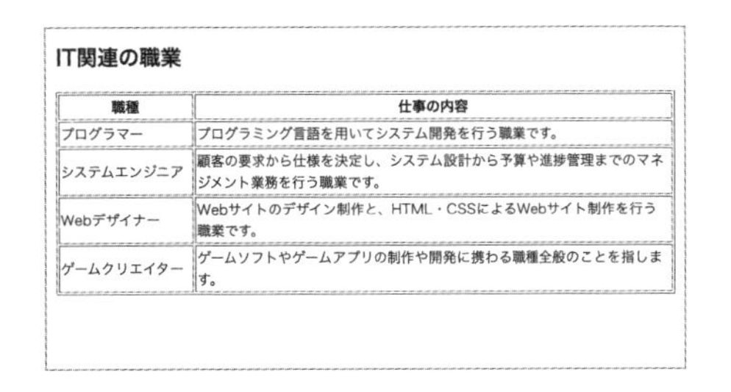

IT関連の職業

職種	仕事の内容
プログラマー	プログラミング言語を用いてシステム開発を行う職業です。
システムエンジニア	顧客の要求から仕様を決定し、システム設計から予算や進捗管理までのマネジメント業務を行う職業です。
Webデザイナー	Webサイトのデザイン制作と、HTML・CSSによるWebサイト制作を行う職業です。
ゲームクリエイター	ゲームソフトやゲームアプリの制作や開発に携わる職種全般のことを指します。

Chapter 2　CSS による装飾とレイアウト

Web ページは内容も重要ですが、デザイン面も重要です。Web ページのデザインを決定する要素として、文字の色、背景色、枠線だけでなく、領域どうしのレイアウトなど、さまざまなものがあります。この章では、表示する色や大きさ、余白のサイズ、枠線や背景色などの Web ページの装飾やレイアウトの、CSS による定義方法を習得します。HTML だけではできない、柔軟で詳細な表現ができるようになります。

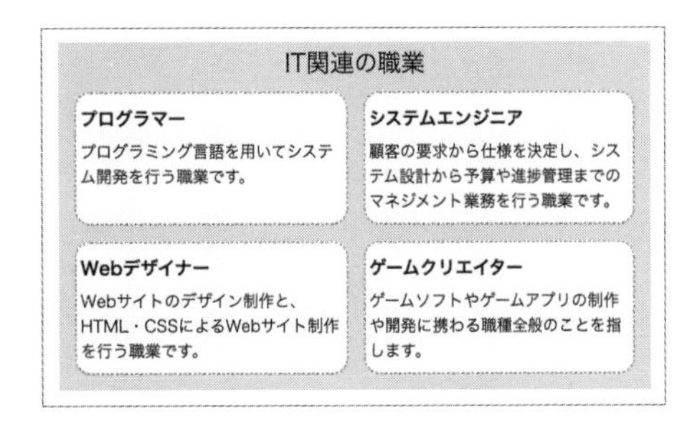

Chapter 3　レスポンシブ Web デザイン

画面サイズの異なる Web ブラウザに対応するとともに、スマートフォンやタブレットに対応した CSS の定義方法について学びます。また、レイアウトを効率的に行うフレックスボックスについても紹介します。さまざまなデバイスで閲覧しやすい Web ページを作成できるようになります。

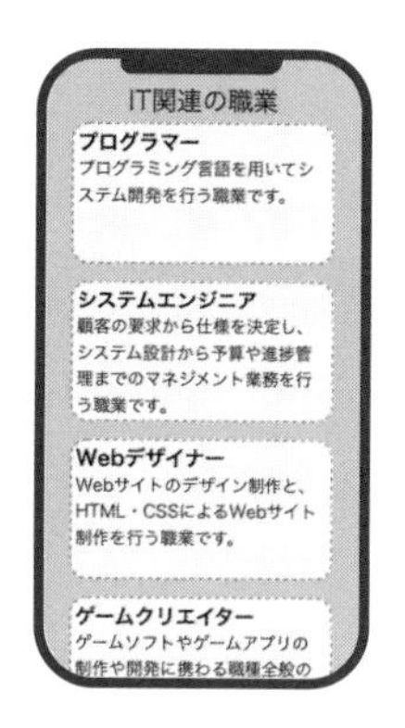

(2) Web プログラミング編（クライアント）：Chapter 4 ～ 6、9

Web サーバ内で稼働する JavaScript のプログラミング手法について学びます。

Chapter 4　JavaScript の基本

複雑な Web ページや Web アプリケーションを作成するためには、プログラムによる制御が必要となります。この章では、Web ブラウザ上で稼働する JavaScript の基本的な定義方法を学び、条件分岐、繰り返しなどのプログラミングの基本も学びます。

```
1  var score = {
2      'A001' : { kokugo: 80, suugaku: 70, eigo: 60 },
3      'A002' : { kokugo: 75, suugaku: 60, eigo: 80 },
4      'A003' : { kokugo: 90, suugaku: 70, eigo: 85 },
5  };
6  var sum = 0;
7  var max = 0;
8  for (var id in score) {
9      var v = score[id].kokugo;
10     if (v>=max) {
11         max = v;
12     }
13     sum += v;
14     document.write(id + ' 国語：' + score[id].kokugo + '点<br>');
15 }
16 document.write( '国語の平均点：' + parseInt(sum/3) + '点<br>');
17 document.write( '国語の最高点：' + max + '点<br>');
18
```

Chapter 5　JavaScript によるデータ操作

複数のデータを管理するための手法として、配列と連想配列について学びます。また、繰り返し処理によるデータの設定や参照方法について学びます。これらを適切に組み合わせることにより、複雑なデータを扱うことができるようになります。

Chapter 6　DOM、Form、jQuery

DOM により Web ページの各要素をプログラムで設定・変更するための仕掛けを学び、Form によるテキスト入力やラジオボタン、チェックボックスなどの主要な入力方法と、その値の取得・設定方法を学びます。また、ユーザのアクションに応じたイベントの取得方法についても解説します。そして、これらを簡易な方法で実装するための jQuery ライブラリを紹介します。ユーザのアクションに応じて Web ページを変化させられるようになります。

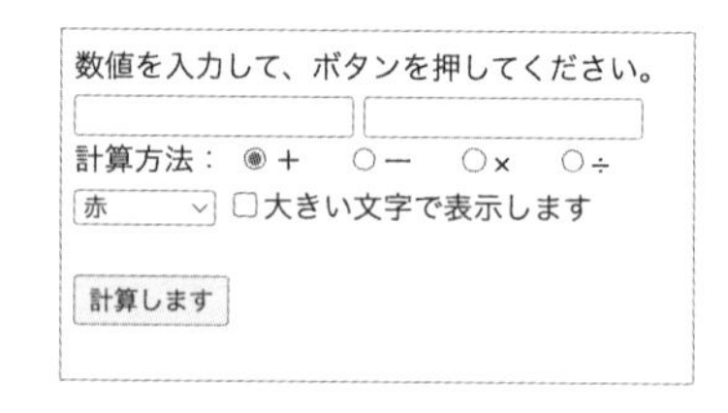

Chapter 9　グラフィック描画

Chapter 6 までの処理では、文字情報や画像の貼り付けは可能ですが、図形（線や四角形など）をプログラムで作図して表現することはできません。この章では、Canvas を使った図形の描画方法について学びます。

(3) Web プログラミング編（サーバサイド）：Chapter 7、8

サーバサイドのプログラミング言語の一つである PHP の基本的な処理と、サーバサイドのプログラムを Web ブラウザから制御する Ajax について学びます。

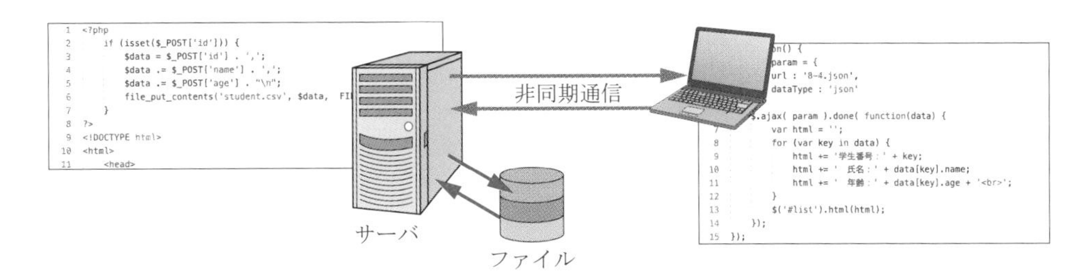

Chapter 7　サーバサイドプログラミング（PHP）

PHP は、サーバサイドのプログラミング言語として 8 割近いシェアをもつ言語です。この章では、PHP の基本的なプログラミング方法と、HTTP の GET および POST による Web ページからのデータの取得方法、サーバ上のファイルの読み込み・書き込み方法について学びます。

Web アプリケーション構築のためには、サーバにデータを保存することは必須です。PHP によるサーバサイドの処理により、データを保存して、次回にそのデータを利用するような Web アプリケーションの構築が可能となります。

Chapter 8　非同期通信 Ajax

Form の情報などをサーバに送信して、結果を表示するプログラムでは、PHP のみで構築する場合、Web ブラウザの全体がリフレッシュ（再読み込み）され、スムーズな動きを実現できません。

この章では、Web クライアント上で動作する JavaScript から、サーバサイドのプログラムである PHP を非同期通信 Ajax により呼び出す方法について学びます。また、JSON ファイルを使ったデータ送信方法について学びます。

非同期通信 Ajax を利用することで、処理が完了したところのみのデータを受け取ることができるようになり、必要な部分のみを変更するような、よりアプリケーション的な処理が実現できるようになります。

(4) Web アプリケーション編：Chapter 10

本書の総仕上げとして、データベースを使った Web アプリケーションを制作します。

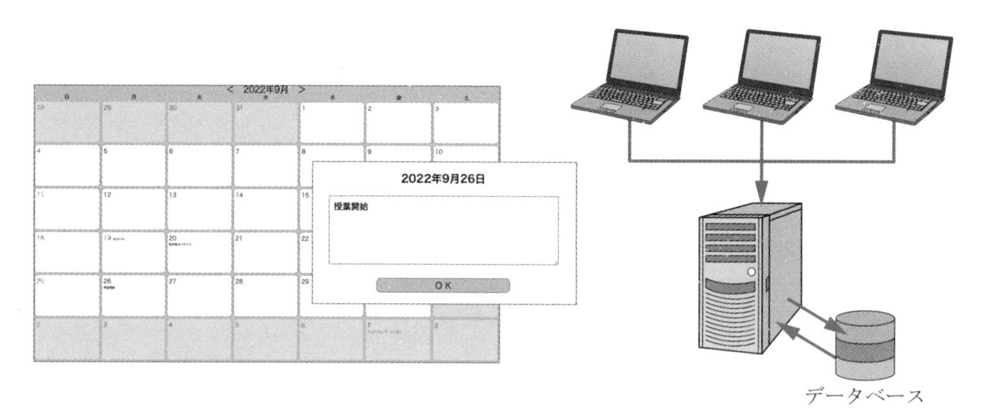

Chapter 10　スケジュール管理アプリ

これまで学んだ内容を組み合わせて、スケジュールを管理する Web アプリケーションを制作します。月単位のカレンダーを表示し、クリックした日の予定を入力するとデータベースにデータが格納され、月のカレンダーにも内容が表示されるという、いわゆるカレンダーアプリです。

準備として、サーバサイドに配置された CSV ファイルの読み込み処理、データベース SQLite の基本的な操作方法と PHP によるアクセス方法を学びます。そして、これらを利用してアプリケーションの全体を制作します。

このアプリケーションの制作を経て、Web アプリケーションの構築の全体像を掴めるようになっているはずです。

HTML による Web ページの作成

はじめに

みなさんが普段目にする Web ページはどのように作られているでしょうか。

ここでは、Web ページを作成するための基本的な仕組みと、Web ページ作成のための記述言語「HTML」の基本構文について学習します。HTML の書式の中でもよく使う、段落、見出し、ハイパーリンク、リスト、画像の貼り付け、表などの代表的な定義方法を学びます。本章をマスターすることで、以下のように、HTML により最低限の Web ページを作成できるようになります。

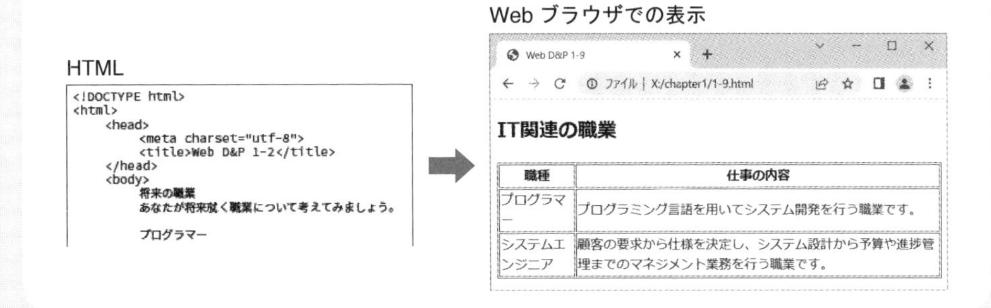

1 1 Web ブラウザにページが表示されるまで

Web ブラウザには、パソコンで起動するもの、スマートフォンやタブレットで起動するものなど、さまざまな種類があります。表 1.1 に示すように、OS によって標準で搭載される Web ブラウザは異なり、Web ページを解釈する方法（表では「ベース」

表1.1 Web ブラウザ一覧

ブラウザ名称	ベース	備　考
Microsoft Edge	Chromium	Windows 11 の標準ブラウザで、世界シェア 2 位。
Internet Explorer	IE	Windows 8.1 版は 2023 年 1 月、Windows 10 版は 2022 年 6 月でサポート終了。
Google Chrome	Chromium	Windows 10 や 11 の他、macOS、Linux、iOS、Android で稼働し、世界シェア 6 割以上の 1 位。
Safari	WebKit	macOS、iOS の標準ブラウザで、世界シェア 3 位。
Firefox	Firefox	Mozilla が開発する世界シェア 4 位のオープンソースのブラウザ。拡張機能の使用が前提でやや上級者向け。
Opera	Chromium	Opera Software 社が開発、中国の奇虎 360 が運営。シンプルで起動時間、サイト表示が早い。

注：世界シェアはすべてのプラットフォームを対象にした順位（2023 年 4 月現在）［出典：similarweb］

と表示）も異なります。その結果、それぞれのブラウザで微妙に異なる動きや表現となることがあります。本書では、最もシェアの高いGoogle Chromeを基準に説明を進めます。

Webブラウザの上部にURL（Uniform Resource Locator）を入力する欄があります。URLとは、インターネット上のHTMLファイルや画像ファイルなどのリソースの場所を特定するための書式です。アドレスという表現を使うことがありますが、IPアドレスや通信機器の番号であるMACアドレスと混同するため、使用しないほうがよいでしょう。URLは、図1.1で示すように、構造と記述内容が定められています。①に**プロトコル名**、②に**ホスト名**、③に**フォルダ名（ディレクトリ名）**、④に**ファイル名**を記述します。また、⑤を**ドメイン名**といい、組織、属性、国を記述します。フォルダ名とファイル名を合わせた⑥を**パス名**とよびます。

図1.1 URLの構造と記述内容

インターネットに接続している機器には、IPアドレスという固有の番号が必ず割り当てられ、インターネット上のすべての通信は相手先のIPアドレスを指定することにより行われます。しかし、IPアドレスは数字の列なので、わかりやすいドメイン名により指定するのが一般的です。

図1.2に示すように、Webブラウザで入力されたURLをもとにリソースの場所（IPアドレス）を特定するために、**DNSサーバ**（Domain Name System Server）に対して問い合わせを行い、IPアドレスを取得します(A)。IPアドレスがわかると、その場所の指定したパス（フォルダ名+ファイル名）のリソースを取得して(B)、その内容をブラウザで表示します(C)。

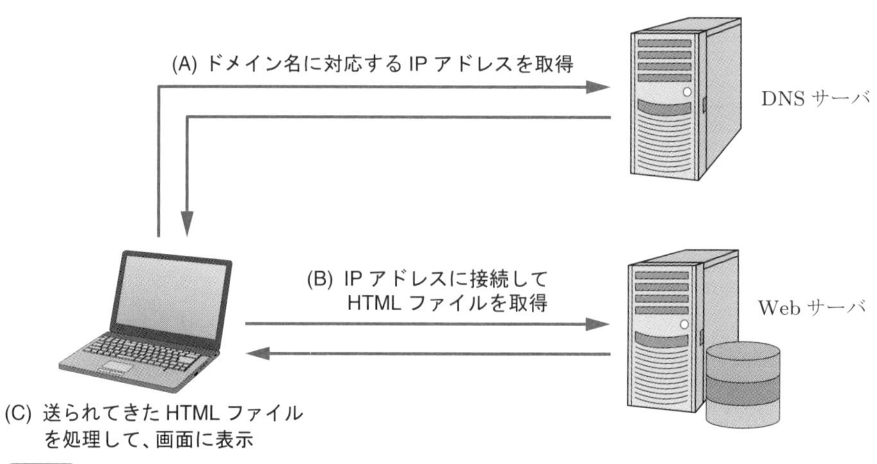

図1.2 WEBブラウザが表示されるまでの流れ

1.2 HTMLの基本構文

Webページを作成するための言語であるHTMLについて説明します。

HTMLは、Hyper Text Markup Languageの略称です。Hyper Text（テキスト以上の機能を備えた「超」テキスト）を使い、Mark（目印）を付けてさまざまな処理を行うことができます。

HTMLは以下の基本的な構文で構成されます。

```
<!DOCTYPE html>
<html>
    <head>
        ページ全体に関わる情報を記述する
    </head>
    <body>
        表示する内容を記述する
    </body>
</html>
```

このように、HTMLでは、小なり記号<と大なり記号>で囲った**タグ**とよばれる記法を使用します。

1行目の<!DOCTYPE html>は、このファイルがHTML5（2021年よりHTML Living Standardに呼称が変更）の形式で記述されていることを示すものです。HTMLはバージョンによって記述する形式が異なります。この1行目があることで、これ以降の記述は、HTML5（HTML Living Standard）に準拠していることを示しています。

2行目以降がHTMLの本体になります。全体を<html>と</html>で囲みます。その中には<head>～</head>と<body>～</body>があります。<head>～</head>は、HTML全体に関わる情報を記述する、**ヘッダ**とよばれる部分です。<body>～</body>は、ブラウザ上に表示する内容を記述する、**ボディ**とよばれる部分です。

具体例として、以下の1-1.htmlを見てみましょう。ブラウザでの表示は図1.3のようになっています。

HTML 1-1.html

```
1  <!DOCTYPE html>
2  <html>
3      <head>
4          <meta charset="utf-8">        ← 文字エンコードがUTF-8であることを示す
5          <title>Web D&P 1-1</title>     ← タブに表示されるタイトルを指定する
6      </head>
7      <body>
8          こんにちは                     ← 表示する内容を記述する
9      </body>
10 </html>
```

この1-1.htmlでは、<head>～</head>の中に<meta>タグがあります。<meta>タグではメタデータが設定されます。**メタデータ**とは、あるデータそのものではなく、そのデータを表す属性や関連する情報を記述したデータのことです。ここでは、このHTMLファイルをどのような文字コードで保存するかを指定するために、charsetとい

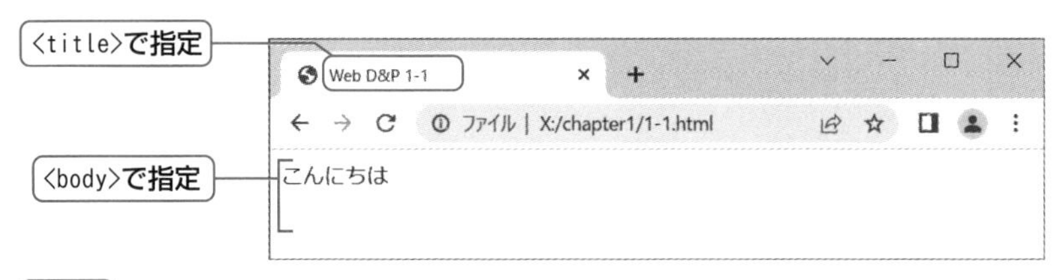

図1.3 Web ブラウザでの表示

う属性を設定します。本書では、charset として現在最も一般的に利用される UTF-8 という符号化形式を指定します。プログラムファイルを編集するエディタによっては、初期設定が Shift-JIS になっている場合があります。ファイルを保存する際に、エディタの設定画面で文字エンコードが UTF-8 になっていることを確認してください。

<title> タグでは、ブラウザのタブ部分に表示される文字列を指定します。

次に、ボディの内容を加えましょう。1-2.html は、将来の職業として四つの職業を紹介したものですが、ブラウザでの表示結果は図 1.4 のようになり、読みづらく、意図した表現になっていません。エディタ上では改行のある文章ですが、ブラウザに表示される段階で改行コードはスペースに変換されるため、このような表示になってしまったのです。

HTML 1-2.html

```
1  <!DOCTYPE html>
2  <html>
3      <head>
4          <meta charset="utf-8">
5          <title>Web D&P 1-2</title>
6      </head>
7      <body>
8          将来の職業
9          あなたが将来就く職業について考えてみましょう。
10
11         プログラマー
・・・
```

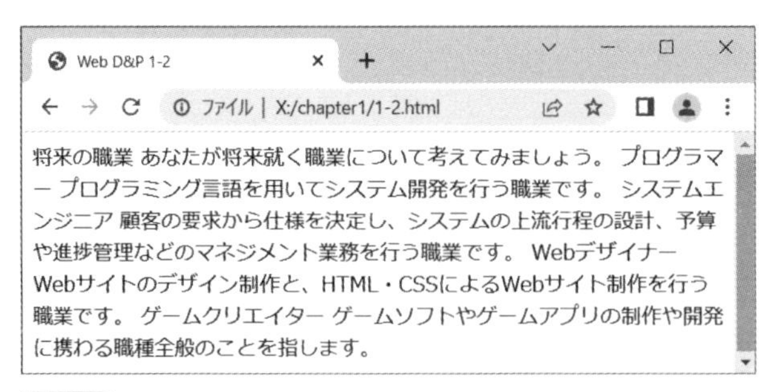

図1.4 テキストを Web ブラウザで表示

Web ブラウザで改行を反映させるためには
 を記述します。HTML 中に
 があれば、例えば図 1.5 のように、文の途中であってもその位置で改行されます。
 を用いて 1-2.html を修正したものが以下の 1-3.html で、そのブラウザでの表示が図 1.6 となります。改行されて表示されていることがわかります。

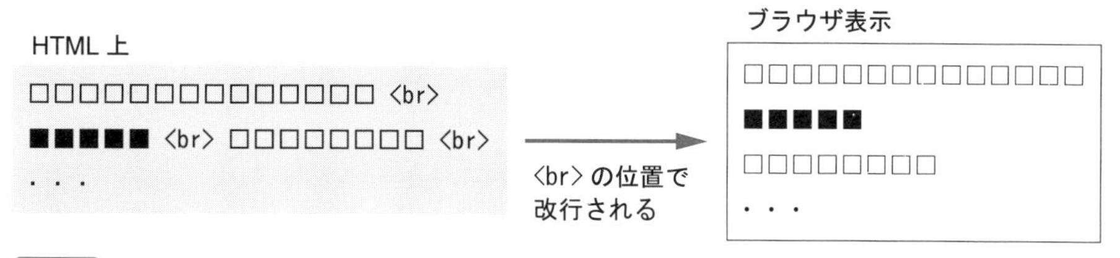

図1.5
 タグ

HTML 1-3.html

```
1  <!DOCTYPE html>
2  <html>
3      <head>
4          <meta charset="utf-8">
5          <title>Web D&P 1-2</title>
6      </head>
7      <body>
8          将来の職業 <br>
9          あなたが将来就く職業について考えてみましょう。<br>
10         <br>
11         プログラマー <br>
   ・・・
```

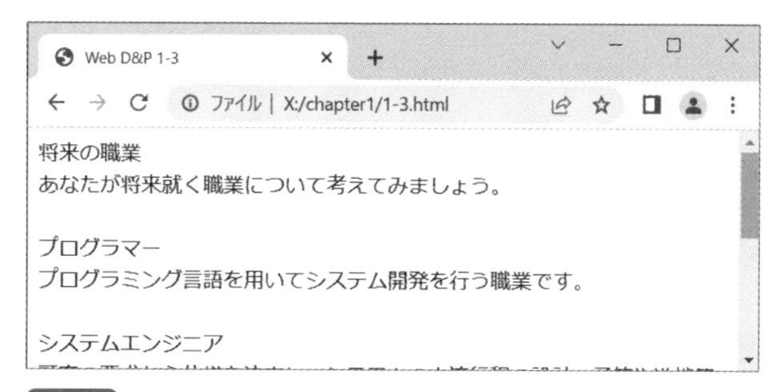

図1.6
 を付けた場合

1.3 開発環境

HTML のコードの本格的な記述を始める前に、開発環境を整えておきましょう。

Web ブラウザ上に内容を表示するためのツールが数多く開発されており、ワープロ感覚で Web ページを作成することができます。しかし、実際に前節で示したような HTML のコードをタイプし、動作を確認しながら作り方を覚えるのが一番の近道です。本書では、エディタで直接コードを記述して、随時 Web ページを表示して内容を確認する方法を採ります。

ここでは、エディタとして、Visual Studio Code を紹介します。Visual Studio Code は HTML に限らず、CSS、JavaScript、PHP など、本書で扱う他の言語でも便利に記述できます。ダウンロードページ（https://visualstudio.microsoft.com/ja/）より、Windows の場合は Visual Studio Code の「Visual Studio Code のダウンロード」の「Windows x64」を、macOS の場合は「Visual Studio for Mac」を選択し、ダウン

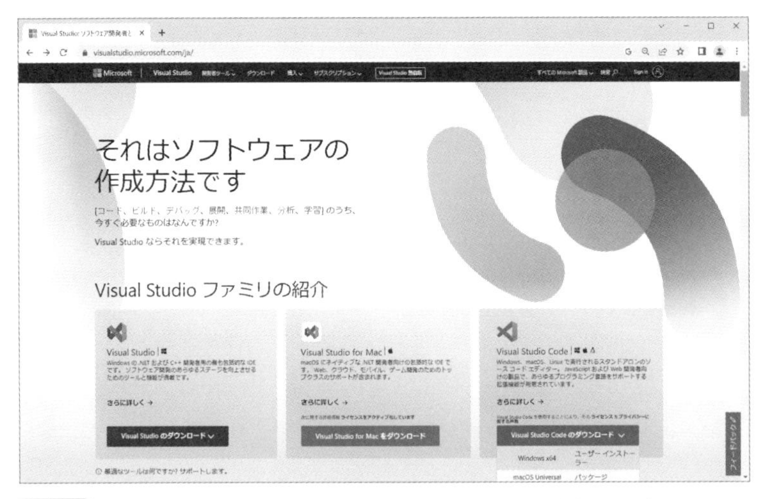

図1.7 Visual Studio Code のインストール（2023 年 1 月時点の画面）

ロードします（図 1.7）。

クリックしてダウンロードを始めると、Windows では VSCodeUserSetup-x64-1.74.2.exe（2023 年 1 月時点の最新バージョン）がダウンロードされます。ダウンロードした exe ファイルを実行して、インストールを始めます。「次へ」のボタンを数回押すと、インストールが完了します。macOS の場合は、VSCode-darwin.zip がダウンロードされ、それを解凍してインストールします。

Chapter 6 が終わるまでは、エクスプローラ（macOS の場合は Finder）の HTML ファイルをダブルクリックすることで、規定のブラウザが起動し、その内容を表示させるようにしておくのが便利です。既定のブラウザ（起動アプリ）が設定されていない場合は図 1.8 の右のようにブラウザを選択する画面が出るので、表示するブラウザ（ここでは Google Chrome）を選択します。

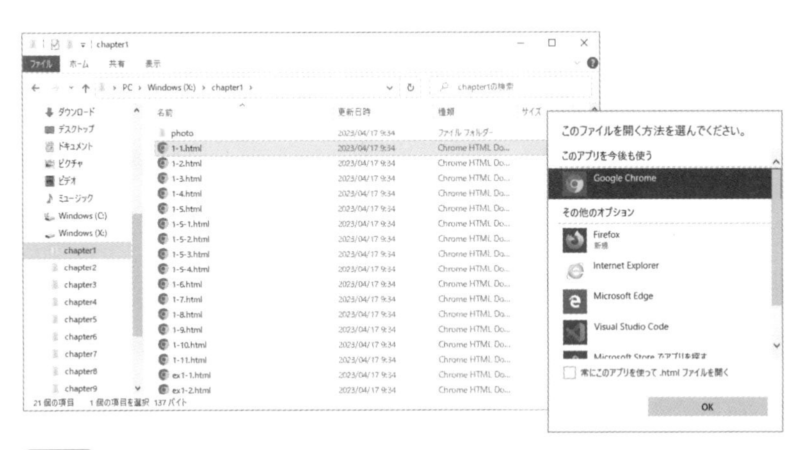

図1.8 エクスプローラからブラウザを起動

1 4 段落と見出し

HTMLで文章を定義する場合、段落を指定します。段落（パラグラフ）の指定には<p>というタグを使います。<p>から</p>までが一つの段落となり、
を使用しなくても改行され、段落と段落の間に小さな空白行が入ります。

また、見出し文字を指定することができます。見出し1（<h1>）が最も大きい文字で、見出し2（<h2>）から順に小さくなり、見出し6（<h6>）まで定義できます（図1.9）。

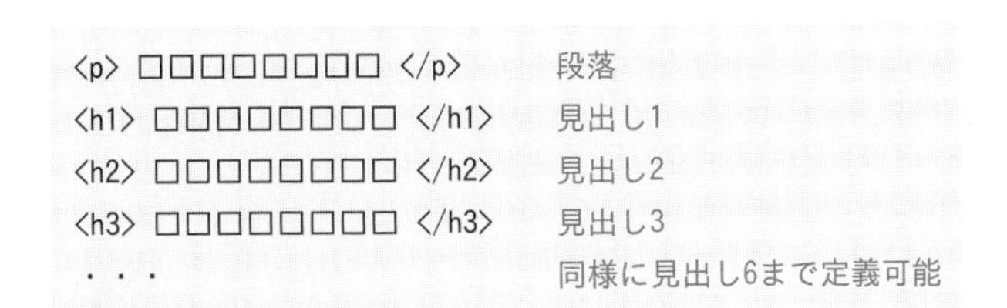

図1.9 段落と見出し

1-2.htmlに対して段落と見出しを指定したものが、以下の1-4.htmlです。ブラウザ表示は図1.10のようになります。この例では、「将来の職業」部分が<h1>で最も大きく表示され、その下に段落<p>による文章が入ります。「プログラマー」部分が<h2>の見出し2で表示されます。

HTML 1-4.html

```
   ・・・
7    <body>
8        <h1> 将来の職業 </h1>
9        <p> あなたが将来就く職業について考えてみましょう。</p>
10       <p> さまざまな職業がありますが、それぞれに特徴があります。自分に合った職業を見つけるにはその職業をしっかりと知ることが第一です。</p>
11       <h2> プログラマー </h2>
12       <p> プログラミング言語を用いてシステム開発を行う職業です。</p>
   ・・・
```

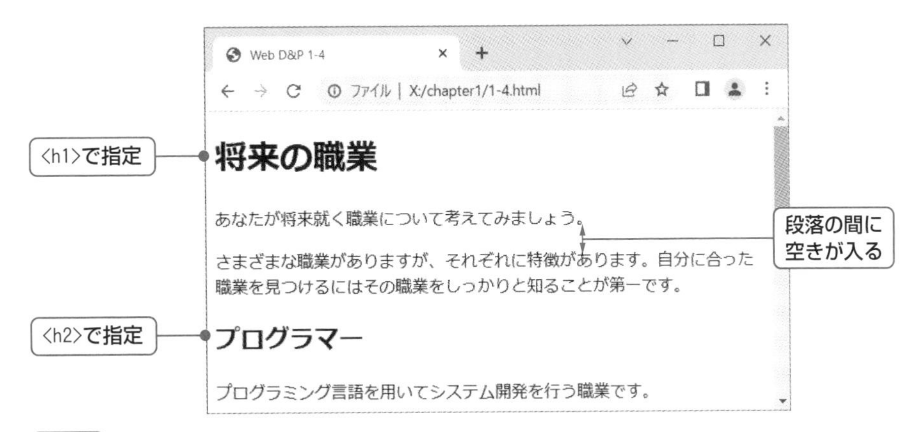

図1.10 段落と見出しを指定した場合

CHECK <p>～</p>を使うと、上下の段落の間に小さな空白行が入ります。見出しや段落を使うことで、文章が続く場合、見やすい画面を作ることができます。

1-5 ハイパーリンク

HTMLの正式名称にも現れる**ハイパーテキスト**（Hyper Text）は、HTMLの中でも重要な概念です。ハイパーテキストとは、文書内の任意の位置や要素に、他の文章の参照を埋め込み、複数の文書を相互に結び付けたものをいいます。ここでは、ハイパーテキストを実現するための具体的な要素技術としてのハイパーリンクを説明します。

ハイパーリンクは、<a>タグを使用して定義します。aはanchor（アンカー）の略です。ハイパーリンクの出発点や到達点を指定します。図1.11のように、href=の後にリンク先のファイル名（ここでは△△△△.html）を、□□□□部分に表示したい文字列を定義します。hrefはHypertext Referenceの略です。

```
<a href="△△△△.html"> □□□□ </a>
```

ジャンプ先のURLを"(ダブルクォーテーション)で囲む

図1.11 ハイパーリンク

1-5.htmlでは、「プログラマー」の部分を<a>と</a>で挟んだ形となっており、href=の後に"で挟んだファイル名1-5-1.htmlがあります。これは、図1.12の左に示す1-5.htmlのブラウザ表示における「プログラマー」部分をクリックすると、1-5-1.htmlにジャンプすることを示しています。ジャンプ先での表示は図1.12の右のようになっています。「システムエンジニア」「Webデザイナー」「ゲームクリエイター」の部分をクリックした場合も同様に、それぞれ対応するHTMLファイルの表示にジャンプします。

HTML 1-5.html

```
   ・・・
7      <body>
8          <h1> 将来の職業 </h1>
9          <p> あなたが将来就く職業について考えてみましょう。</p>
10         <br>
11         <a href="1-5-1.html"> プログラマー </a><br>
12         <a href="1-5-2.html"> システムエンジニア </a><br>
13         <a href="1-5-3.html"> Web デザイナー </a><br>
14         <a href="1-5-4.html"> ゲームクリエイター </a><br>
15     </body>
   ・・・
```

HTML 1-5-1.html

```
    ・・・
 7      <body>
 8          <h2> プログラマー </h2>
 9          <p> プログラミング言語を用いてシステム開発を行う職業です。</p>
10          <br>
11          <a href="javascript:history.back()"> 戻る </a>
12      </body>
    ・・・
```

ここでは、「戻る」ボタンを押すと、一つ前のページに戻る JavaScript のプログラムを記述している。

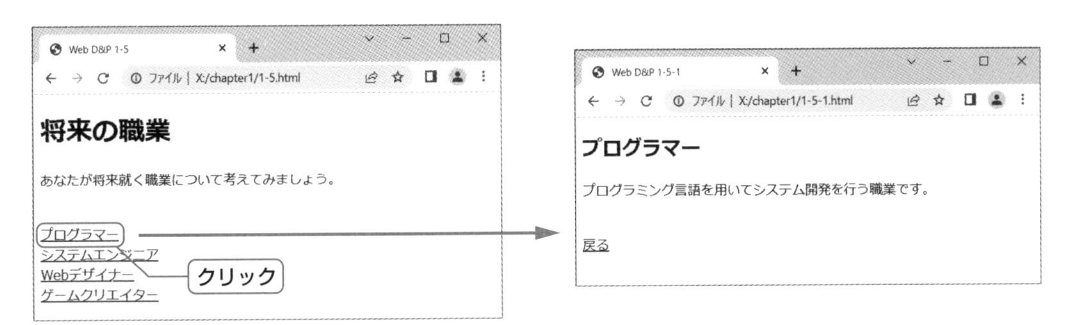

図1.12 ハイパーリンク（右がプログラマーをクリック後のページ）

1.6 箇条書きと番号付きリスト

文章を項目ごとに分けて列挙する方法である、箇条書きと番号付きリストについて説明します。

箇条書きには<ul>～</ul>と<li>～</li>を使用します（図 1.13 (a)）。ul は Unordered List の略で、順序番号のないリストを表しています。•（黒丸）の箇条書きによる表現となります。<ul>タグの中に<li>（List Item）タグを定義し、各項目を記述します。<ul>タグの代わりに<ol>タグ（Ordered List）を使用すれば、**番号付きリスト**となります（図 1.13 (b)）。

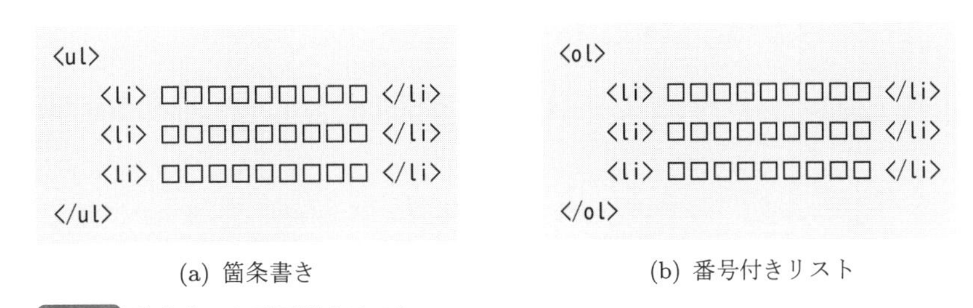

図1.13 箇条書きと番号付きリスト

1-5.html に対して、箇条書きを設定した例が 1-6.html で、番号付きリストを設定した例が 1-7.html です。これらのブラウザ表示は図 1.14 のようになります。

HTML 1-6.html（箇条書き）

```
     ・・・
 8      <h1> 将来の職業 </h1>
 9          <p> あなたが将来就く職業について考えてみましょう。</p>
10          <ul>
11              <li><a href="1-5-1.html"> プログラマー </a></li>
12              <li><a href="1-5-2.html"> システムエンジニア </a></li>
13              <li><a href="1-5-3.html"> Web デザイナー </a></li>
14              <li><a href="1-5-4.html"> ゲームクリエイター </a></li>
15          </ul>
     ・・・
```

HTML 1-7.html（番号付きリスト）

```
     ・・・
 8      <h1> 将来の職業 </h1>
 9          <p> あなたが将来就く職業について考えてみましょう。</p>
10          <ol>
11              <li><a href="1-5-1.html"> プログラマー </a></li>
12              <li><a href="1-5-2.html"> システムエンジニア </a></li>
13              <li><a href="1-5-3.html"> Web デザイナー </a></li>
14              <li><a href="1-5-4.html"> ゲームクリエイター </a></li>
15          </ol>
     ・・・
```

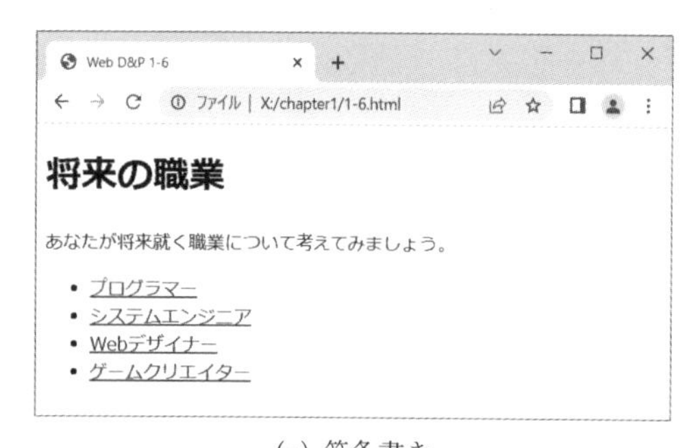

(a) 箇条書き

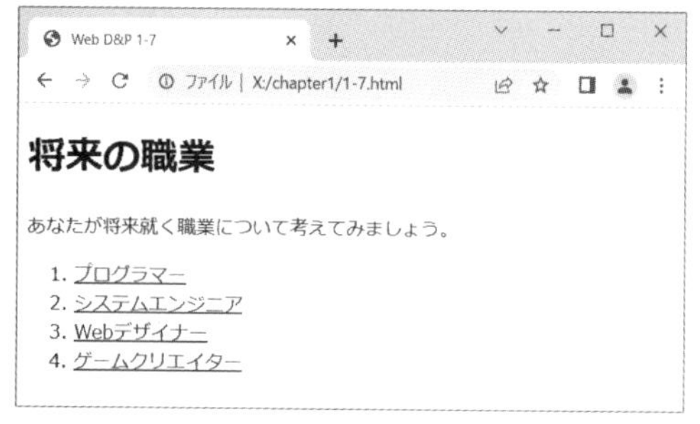

(b) 番号付きリスト

図1.14 箇条書きと番号付きリストのブラウザ表示

1 7 画像の貼り付け

写真やイラストなどの画像イメージを Web ページ内に貼り込む方法を説明します。

デジタルカメラなどで撮影した写真ファイルの拡張子は、ほとんどの場合 .jpg となります。イラストなどを専用のソフトウェアで作成する場合や、インターネット上のサイトからダウンロードする場合の、画像ファイルの拡張子には、jpg の他に .gif や .png などがあります。それぞれの画像フォーマットには、表 1.2 に示すような特性があります。目的に合った形式（拡張子）を使うようにしましょう。

表1.2 画像フォーマットの種類

名　称	拡張子	特　性	利点・欠点
JPEG	.jpg	圧縮率が高く、データを小さくすることができる。	フルカラー（1670万色）を扱うことができる。不可逆圧縮画像のため、画質が劣化する。透過画像を作ることができない。
GIF	.gif	インターネットで標準的に使用される画像フォーマット。ロゴマークやアイコンに利用されるが、写真には不向きである。	256色までしか扱うことができない。透過画像、アニメーションを作ることができる。
PNG	.png	インターネットで多く利用される画像フォーマット。高画質だが、JPEGやGIFに比べ、データ容量が大きい。	フルカラー（1670万色）を扱うことができる。可逆圧縮画像のため、画質が劣化しない。透過画像を作ることができる。

インターネット上で表示されている画像ファイルは簡単にダウンロードできますが、画像には著作権があり、作成者が自由に利用することを許可していないものを勝手に使うことはできません。ダウンロードして利用する場合は、利用許可の範囲がどこまでかをしっかりと把握し、Web上への利用の条件などをクリアしたもののみを使うようにしてください。

画像は図1.15のように、<img>タグにより貼り付けます。imgはimageの略です。貼り付けるファイルをsrc=で指定します。srcはsource（画像や文書など、表示したいファイルの出処の意味）の略です。画像ファイルがHTMLファイルと同じフォルダ内にある場合、src=の後に貼り付けたい画像のファイル名を書き、指定します。画像ファイルがHTMLファイルのあるフォルダより下のフォルダ内にある場合は、src="image/file.jpg"のように、ファイル名の前に「フォルダ名/」を付けます（パスを指定）。

```
<img src="△△△△.jpg">
<img src="□□□□/△△△△.jpg">
```

画像ファイル名を""で囲む
画像ファイルがHTMLファイルと同じフォルダ内にない場合は、そのフォルダまでのパスを指定する

図1.15 画像の貼り付け

1-6.htmlに画像を貼り付けた例が1-8.htmlです。ブラウザ表示は図1.16のようになります。

HTML 1-8.html

```
      ・・・
7       <body>
8           <h1> 将来の職業 </h1>
9           <p> あなたが将来就く職業について考えてみましょう。</p>
10          <img src="programmer.jpg">
11          <ul>
12              <li><a href="1-5-1.html"> プログラマー </a></li>
13              <li><a href="1-5-2.html"> システムエンジニア </a></li>
14              <li><a href="1-5-3.html"> Web デザイナー </a></li>
15              <li><a href="1-5-4.html"> ゲームクリエイター </a></li>
```

```
16          </ul>
17      </body>
  ・・・
```

図1.16 画像の貼り付けの例

1-8 表の作成

表は、縦何行、横何列といった縦横に広がるマス目上の配置を基本とします。図 1.17 のように、<table> ～ </table> で表全体を定義し、その中に <tr> ～ </tr> で行を定義します。さらにその中に <td> ～ </td> を使い、表の一つのセルデータを定義します。<td> のところを <th> とすると、表の見出しを定義することができます。

なお、tr は table row の略、td は table data の略、th は table header の略です。

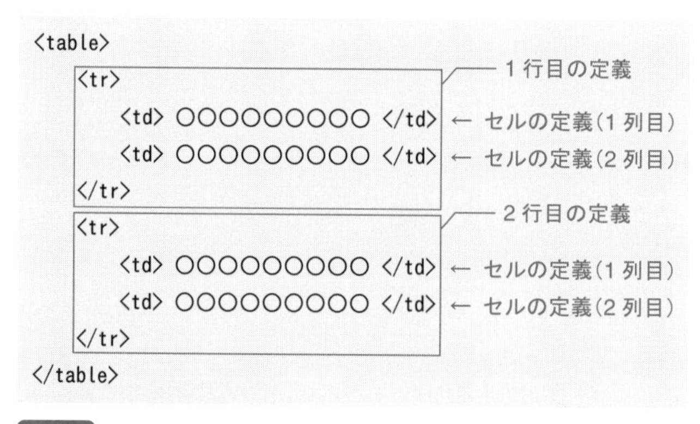

図1.17 表の定義方法

次の 1-9.html の例では、表に枠線を表示するために、border="1" と指定しています。ブラウザ表示は図 1.18 のようになります。

HTML 1-9.html

```
    . . .
 7      <body>
 8          <h2>IT 関連の職業 </h2>
 9          <table border="1">
10              <tr>
11                  <th> 職種 </th>
12                  <th> 仕事の内容 </th>
13              </tr>
14              <tr>
15                  <td> プログラマー </td>
16                  <td> プログラミング言語を用いてシステム開発を行う職業です。</td>
17              </tr>
18              <tr>
19                  <td> システムエンジニア </td>
20                  <td> 顧客の要求から仕様を決定し、システム設計から予算や進捗管理までの
    マネジメント業務を行う職業です。</td>
21              </tr>
22          </table>
23      </body>
    . . .
```

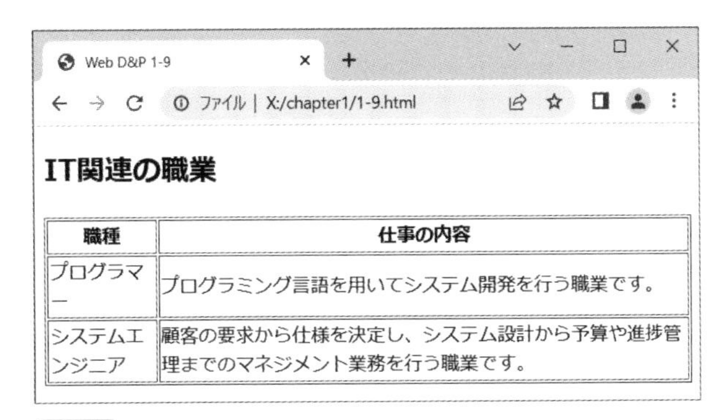

図1.18 表

図 1.19 の右のように、セルを横に結合（連結）した形で表を作成したいときは、<td> や <th> の中に、colspan という属性を指定し、colspan="2" のように結合したい数を指定します。縦に結合したい場合は rowspan を定義します。colspan や rowspan の属性がある場合は、<tr> 内の <td> や <th> は、連結していない行と比べると連結するセルの数だけ減らした数を定義します。

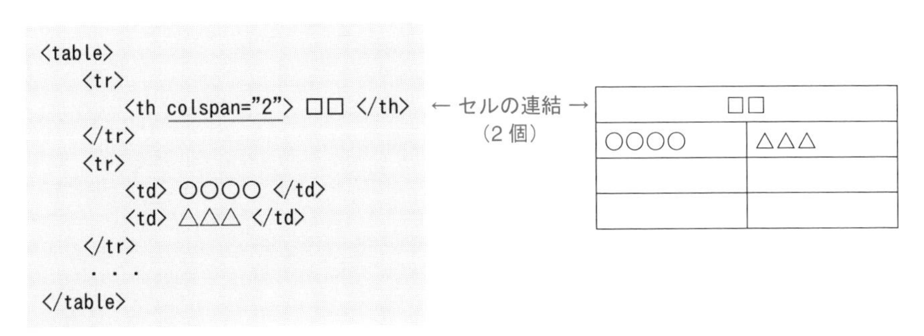

図1.19 表の連結

次の 1-10.html の例では、図 1.20 のように「四国地方」の部分を横に二つ連結するために、<th> タグの中に colspan="2" を設定しています。縦に連結する場合は、rowspan により設定します。なお、8 行目の「500px」の px はピクセルといい、文字や画像、表、ウィンドウのサイズを表す単位です。

HTML 1-10.html

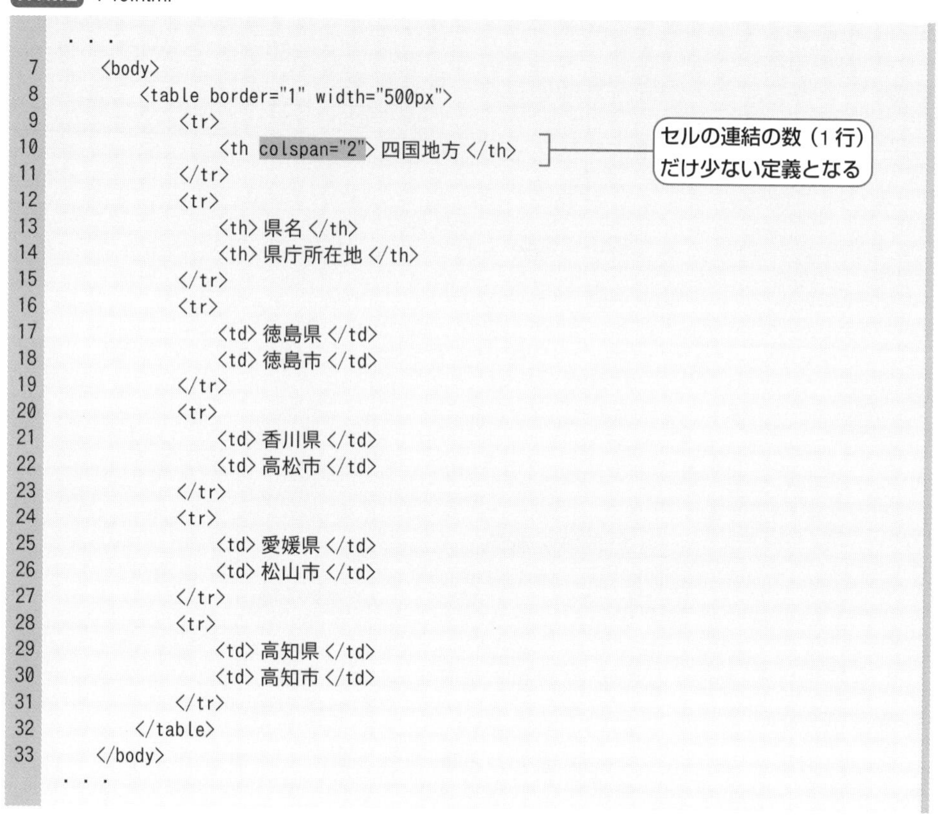

```
   ・・・
7      <body>
8          <table border="1" width="500px">
9              <tr>
10                 <th colspan="2"> 四国地方 </th>
11             </tr>
12             <tr>
13                 <th> 県名 </th>
14                 <th> 県庁所在地 </th>
15             </tr>
16             <tr>
17                 <td> 徳島県 </td>
18                 <td> 徳島市 </td>
19             </tr>
20             <tr>
21                 <td> 香川県 </td>
22                 <td> 高松市 </td>
23             </tr>
24             <tr>
25                 <td> 愛媛県 </td>
26                 <td> 松山市 </td>
27             </tr>
28             <tr>
29                 <td> 高知県 </td>
30                 <td> 高知市 </td>
31             </tr>
32         </table>
33     </body>
   ・・・
```


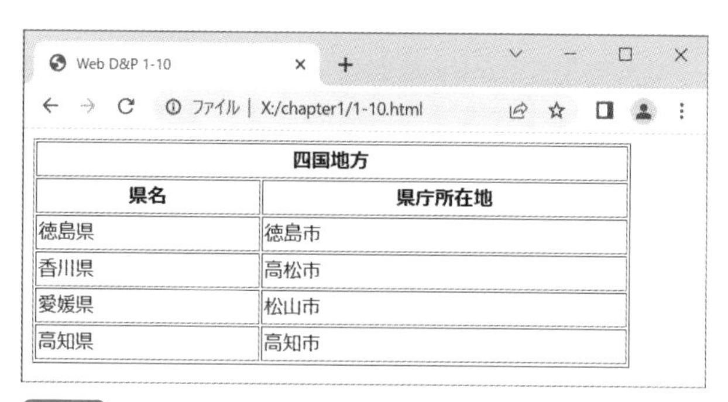

四国地方	
県名	**県庁所在地**
徳島県	徳島市
香川県	高松市
愛媛県	松山市
高知県	高知市

図1.20 横のセル結合を使った表

CHECK
表は、行を <tr> で指定し、その中のセルを <th> や <td> で配置します。colspan や rowspan を定義した場合は、セルを結合しますが、<th> や <td> の数が変化することに注意してください。

例題1

「春の花」という表形式の Web ページが図 1.21 のような完成イメージとなるように、以下の HTML コードの空欄①〜⑩を埋めてください。

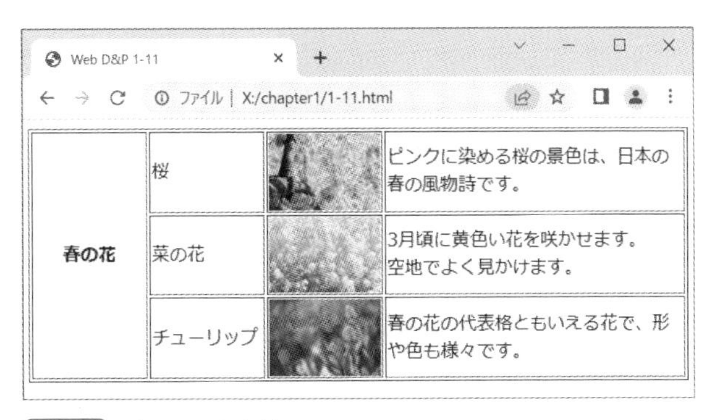

図1.21 例題 1 の出力結果

「春の花」部分は、中央揃えの太文字で表示されているので、「見出し」として定義します。また、三つの行を連結した形となっています。画像としては、この HTML ファイルのあるフォルダの下の「photo」というフォルダの中に、sakura.jpg、nanohana.jpg、tulips.jpg の三つのファイルがあるものとします。それぞれの画像サイズは異なっていますが、画像の幅を 100px に指定して画像を表示しています。

HTML 1-11.html

```
1  <!DOCTYPE html>
2  <html>
3      <head>
4          <meta charset="utf-8">
5          <title>Web D&P 1-11</title>
6      </head>
7      <body>
8          < ①_______ border="1">
9              < ②_______ >
10                 < ③_______ width="100px" ④_______ = ⑤_______ >春の花</ ③_______ >
11                 <td width="100px"> 桜 </td>
12                 <td width="100px">
13                     <img ⑥_______ =" ⑦_______ /sakura.jpg"
14                                  ⑧_______ ="100px" valign="top"></td>
15                 <td> ピンクに染める桜の景色は、日本の春の風物詩です。</td>
16             < ⑨_______ >
17             <tr>
18                 <td> 菜の花 </td>
19                 <td><img ⑥_______ =" ⑦_______ /nanohana.jpg"
20                                  ⑧_______ ="100px" valign="top"></td>
21                 <td> 3 月頃に黄色い花を咲かせます。<br>
22                                             空地でよく見かけます。</td>
23             </tr>
24             <tr>
25                 <td> チューリップ </td>
26                 <td><img ⑥_______ =" ⑦_______ /tulips.jpg"
27                                  ⑧_______ = "100px" valign="top"></td>
28                 <td> 春の花の代表格ともいえる花で、形や色も様々です。</td>
29             </tr>
```

```
30          <⑩________>
31      </body>
32  </html>
```

解説 全体を<table>～</table>で囲み、1行ずつ<tr>～</tr>を定義します。この例題では、桜、菜の花、チューリップの3行を定義することになるので、<tr>～</tr>を3箇所配置します。よって、①には table、⑩には /table、②には tr、⑨には /tr が入ります。

「春の花」部分は、太文字で中央揃えになっています。これは表の見出しを使うことで対応できます。よって、③は td ではなく、th が入ります。同じ行の行末は</th>となります。

また、「春の花」部分は縦に連結しているので、最初の<tr>～</tr>の中には、四つのセル（th および td）が配置され、最初のセルに rowspan="3" という属性をセットします。よって、④には rowspan、⑤には "3" が入ります。

表の中の画像は、<img src=" □□□□ ">により配置することができます。src= の後の□□□□部分に実際のファイル名を記述しますが、この例題では、photo というフォルダの下にある画像を表示することになっているため、photo/sakura.jpg のようにフォルダ名に続けて / を付け、ファイル名を指定します。よって、⑥には src、⑦には photo が入ります。

3枚の画像はサイズが異なるため、width="100px" により明示的に幅を指定します。⑧には、width が入ります。img タグの最後の属性に、valign="top" があります。初期状態では画像の基点が baseline という位置になっており、画像の下に隙間ができてしまいます。それを防ぐために設けたものです。

＜答え＞ ① table ② tr ③ th ④ rowspan ⑤ "3"
⑥ src ⑦ photo ⑧ width ⑨ /tr ⑩ /table

練習1

以下の（1）～（4）について、画像のようなブラウザ表示となるように、それぞれの HTML の空欄を埋めてください。

（1）

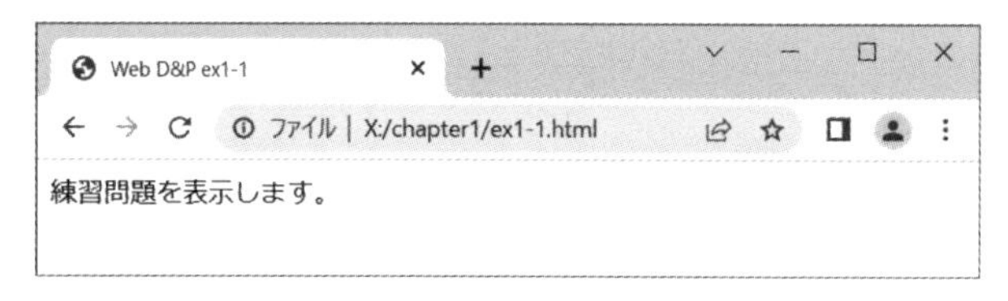

HTML ex1-1.html

```
1   <!DOCTYPE html>
2   <html>
3       <head>
4           <①________ charset="utf-8">
5           <title> ②________ </title>
6       </head>
7       <③________>
8           練習問題を表示します。
9       <④________>
10  </html>
```

(2)

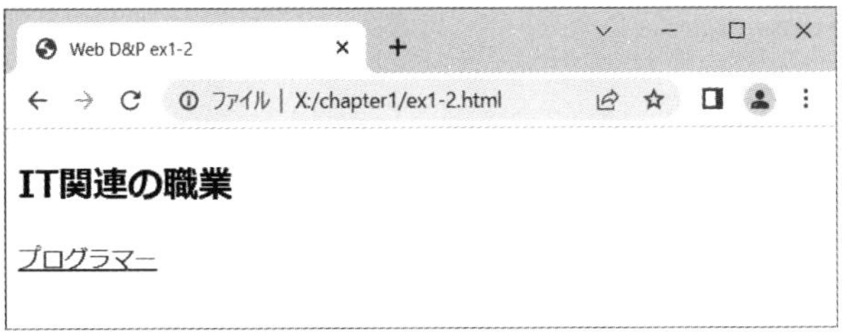

Web D&P ex1-2

ファイル | X:/chapter1/ex1-2.html

IT関連の職業

プログラマー

HTML ex1-2.html

```
   ・・・
7      <body>
8          <h2>IT 関連の職業 </h2>
9          <a ⑤________ ="programer.html"> プログラマー< ⑥________ >
10     </body>
   ・・・
```

(3)

Web D&P ex1-3

ファイル | X:/chapter1/ex1-3.html

春の花

- 菜の花
- 桜
- チューリップ

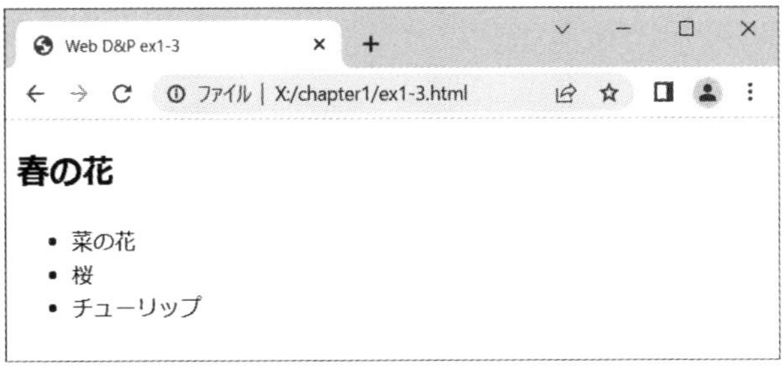

HTML ex1-3.html

```
   ・・・
7      <body>
8          <h2> 春の花 </h2>
9          < ⑦________ >
10             <li> 菜の花 </li>
11             <li> 桜 </li>
12             <li> チューリップ </li>
13         < ⑧________ >
14     </body>
   ・・・
```

(4)

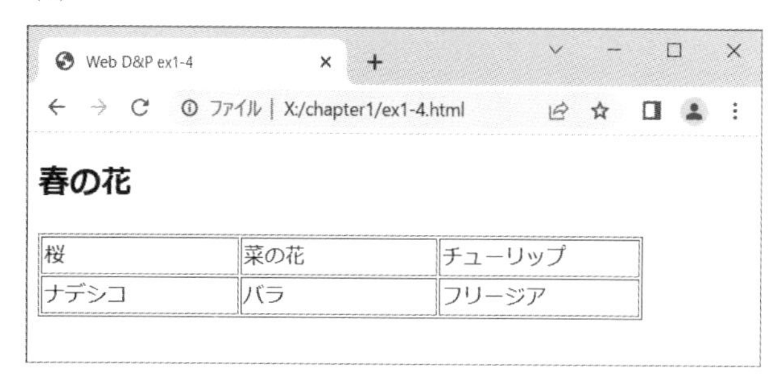

HTML ex1-4.html

```
   ・・・
 7    <body>
 8        <h2> 春の花 </h2>
 9        < ⑨_______ border="1">
10            <tr>
11                < ⑩_______ width="150px"> 桜 </ ⑩_______ >
12                < ⑩_______ width="150px"> 菜の花 </ ⑩_______ >
13                < ⑩_______ width="150px"> チューリップ </ ⑩_______ >
14            </tr>
              ・・・途中省略・・・
20        </ ⑨_______ >
21    </body>
   ・・・
```

まとめ

この章では、HTML の基本的な構文を学びました。

- HTML5(HTML Living Standard)では、<!DOCTYPE html> を先頭行に記述します。
- <html> ～ </html> 内に <head> ～ </head>、<body> ～ </body> を定義します。
- <head> の <meta charset="utf-8"> により文字コードを指定します。
- <head> の <title> でブラウザのタブ部分に表示する文字列を指定します。
- <body> 内の代表的なタグ要素は以下の通りです。

目的	タグ
改行	
段落	<p> ～ </p>
見出し	<h1> ～ </h1>、<h2> ～ </h2>
ハイパーリンク	<a href=" ジャンプ先ファイル名 "> ～ </a>
箇条書き 番号付きリスト	<ul><li> ～ </li></ul> <ol><li> ～ </li></ol>
画像	<img src=" 画像ファイル名 ">
表	<table><tr><th> ～ </th> <td> ～ </td></tr></table>

CSS による装飾とレイアウト

はじめに

Web ページは内容だけでなく、デザイン面も重要です。Web ページのデザインを決定する要素として、文字の色や大きさ、背景色、余白のサイズ、枠線だけでなく、レイアウトや装飾など、さまざまなものがあります。

ここでは、Web ページのレイアウトや装飾を担う CSS について、その役割と定義方法について学びます。CSS を利用することにより、下図のように、HTML だけでは定義できない柔軟で詳細な表現ができるようになります。

HTML だけ（Chapter 1）

IT関連の職業

職種	仕事の内容
プログラマー	プログラミング言語を用いてシステム開発を行う職業です。
システムエンジニア	顧客の要求から仕様を決定し、システム設計から予算や進捗管理までのマネジメント業務を行う職業です。
Webデザイナー	Webサイトのデザイン制作と、HTML・CSSによるWebサイト制作を行う職業です。
ゲームクリエイター	ゲームソフトやゲームアプリの制作や開発に携わる職種全般のことを指します。

HTML ＋ CSS

IT関連の職業

プログラマー
プログラミング言語を用いてシステム開発を行う職業です。

システムエンジニア
顧客の要求から仕様を決定し、システム設計から予算や進捗管理までのマネジメント業務を行う職業です。

Webデザイナー
Webサイトのデザイン制作と、HTML・CSSによるWebサイト制作を行う職業です。

ゲームクリエイター
ゲームソフトやゲームアプリの制作や開発に携わる職種全般のことを指します。

2-1 CSS とは

CSS は、Cascading Style Sheets（カスケーディング・スタイル・シート）の略で、Web ページの文字サイズ、色、レイアウトなどのスタイルを定義するための言語です。HTML と組み合わせて使用します。

初期の Web ページは、HTML のみで文字の大きさや色などを定義していました。例えば「<font color="red">ここは赤色</font>」のように、HTML にも装飾に関する定義が利用できます。しかし、この方法では、文書の構成や内容の中に装飾的な定義部分が混在し、HTML の記述がわかりにくいものになっていました。また、その表現方法にも制限がありました。

CSS が登場してからは、文章の構造や内容は HTML で定義し、見栄えについては CSS が担当する形となりました。そのように内容と表現を分けることで、文章構造を変更することなしに、表現スタイルを制御することができ、整理しやすくなりました。

現在の Web ページは、HTML のみで記述されることはほとんどありません。HTML と CSS はセットになって、Web ページを定義しているといえます。

表現スタイルの定義には、三つの方法があります。

(1) HTML ファイル上で、style 属性で個別に指定する方法

HTML のタグの中の属性 style= の部分にスタイルを定義します。2-1.html では、style が設定された <p> タグ（段落）の文字が、指定されたフォントのサイズに設定されます。ブラウザでの表示は図 2.1 のようになります。

HTML 2-1.html

```
1  <!DOCTYPE html>
2  <html>
3      <head>
4          <meta charset="utf-8">
5          <title>Web D&P 2-1</title>
6      </head>
7      <body>
8          <p style="font-size: 30px;"> フォントサイズは 30 ピクセルです。</p>
9      </body>
10 </html>
```

図2.1 style による個別指定

(2) HTML ファイル上で、CSS の定義を行う方法

HTML の <head> 内に、<style> ～ </style> を定義します。以前は style タグの中に type 属性や <!-- --> の記述が必要でしたが、HTML5 以降は不要となりました。

2-2.html の例では、<p> タグの文章はすべてフォントサイズ 30px で表示されます。

HTML 2-2.html

```
1  <!DOCTYPE html>
2  <html>
3      <head>
4          <meta charset="utf-8">
5          <title>Web D&P 2-2</title>
6          <style>
7              p { font-size : 30px; }
8          </style>
9      </head>
10     <body>
11         <p> フォントサイズは 30 ピクセルです。</p>
12     </body>
13 </html>
```

(3) CSS ファイル上で、CSS の定義を行う方法

HTML の <head> 内に、以下のように <link> タグによって、CSS ファイルへのリンクを定義します。△△△△ .css の中に、段落タグである <p> の表現方法を記述します。

```
<link rel="stylesheet" href=" △△△ .css">
```

以下の例（2-3.html と 2-3.css）では、段落タグである <p> の文章はすべてフォントサイズ 30px で表示されます。

HTML 2-3.html

```
1  <!DOCTYPE html>
2  <html>
3      <head>
4          <meta charset="utf-8">
5          <title>Web D&P 2-3</title>
6          <link rel="stylesheet" href="2-3.css">
7      </head>
8      <body>
9          <p> フォントサイズは 30 ピクセルです。</p>
10     </body>
11 </html>
```

CSS 2-3.css

```
1  p {
2      font-size: 30px;
3  }
```

（1）の方法では個別の文章に対してスタイルが適応されるのに対して、（2）と（3）の方法では、文章内で指定されたすべてのタグや class、id に対してスタイルが適用されます（class、id については 2.2 節を参照）。なお、CSS ファイルで指定したうえで（1）の個別指定を行った場合は、（1）の個別指定のほうが優先されます。

本書では、三つの記述方式のうち、（3）「CSS ファイル上で、CSS の定義を行う方法」を利用します。

2.2 CSS の定義方法

HTML ファイルの中では、図 2.2 のような用語を使います。以下の説明では、p の部分に HTML のタグ名が入るものとします。それぞれのタグ名に置き換えて考えてください。

< >の中の①の部分の文字を**タグ名**といいます。図 2.2 の例では p がタグ名です。②

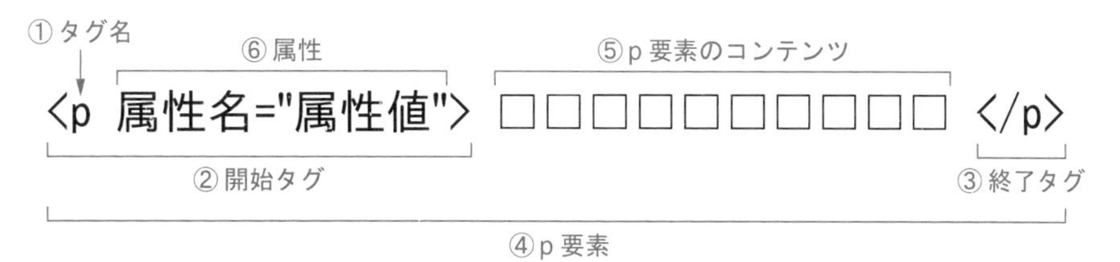

図2.2 HTML の各部の名称

の <p> を**開始タグ**、③の </p> を**終了タグ**といい、<p> ～ </p> で囲まれた部分全体（④）はp**要素**といいます。□□□□の部分（⑤）をp**要素のコンテンツ**といいます。**属性**名="属性値"部分（⑥）を**属性**といいます。属性としてclass="□□□□"およびid="△△△△"を定義することができます。一般に同じ形式の表現を複数回利用する場合はclass名を、唯一のデータを表現する場合はid名を指定します。

次に、CSSの定義方法を説明します。CSSファイルの中は図2.3のようになっています。

図2.3 CSSの各部の名称

図2.3①のpを**セレクタ**といい、これは、(1) HTMLで用意されているタグ名だけでなく、(2) .（ドット）で始まるclass名、(3) #で始まるid名で指定することができます。セレクタの種類と例を表2.1にまとめます。

表2.1 セレクタの種類と例

	セレクタ	例
(1)	HTMLのタグ名	p、table、tr、td、h1
(2)	.で始まるclass名	.job
(3)	#で始まるid名	#programmer

図2.3②のfont-size部分を**属性**とよび、③の30px部分は**値**です。属性と値は：（コロン）でつなぎ、最後に；（セミコロン）を記述して、**宣言**（④）が完成します。宣言全体を{ }で囲みます。宣言は複数行定義することができます。上から順に定義を反映させるため、同じ属性がある場合は、後から定義したほうが優先されます。

以下の2-4.htmlでは、p要素の中で、「IT関連の職業」部分はclassもidも定義されていませんが、「プログラマー」以降の行にはclass名としてjobが定義されています。「プログラマー」の行には、加えてid名としてprogrammerが定義されています。

2-4.cssにおいては、p要素のスタイル、classがjobのスタイル、idがprogrammerのスタイルをそれぞれ定義しています。p要素では文字の大きさを30pxに、jobクラスでは15pxに、idがprogrammerの部分では背景色を青色（blue）にして、文字を白色（white）に設定しています。これらの設定により、ブラウザでの表示は図2.4のようになります。

HTML 2-4.html

```
1  <!DOCTYPE html>
2  <html>
```

```
3        <head>
4            <meta charset="utf-8">
5            <title>Web D&P 2-4</title>
6            <link rel="stylesheet" href="2-4.css">
7        </head>
8        <body>
9            <p>IT 関連の職業 </p>
10           <p class="job" id="programmer"> プログラマー </p>
11           <p class="job"> システムエンジニア </p>
12           <p class="job">WEB デザイナー </p>
13           <p class="job"> ゲームクリエイター </p>
14       </body>
15   </html>
```

CSS 2-4.css

```
1   p {
2       font-size: 30px;
3   }
4
5   .job {
6       font-size: 15px;
7   }
8
9   #programmer {
10      color: white;
11      background-color: blue;
12  }
```

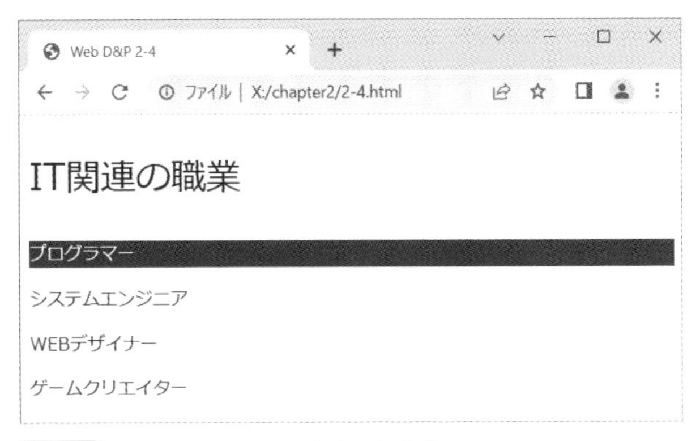

図2.4 CSS による背景と文字の色指定

2.3 CSS の属性

CSS には、さまざまな属性があります。代表的なものを表 2.1 ～ 2.3 に示します。文字関連（表 2.2）では、文字の色、高さ、太さ、アンダーラインなどを設定できます。幅や高さ、配置関連（表 2.3）では、柔軟なレイアウトを行うことができます。また、表関連（表 2.4）では、HTML の table タグに関連した属性を設定することができます。

表2.2 代表的なCSSの属性と宣言方法（文字関連）

属性	指定対象	指定方法（例）	説明
color	文字色	`color : #ff0000;`	＃の後にRGBの16進数を並べる。00が最小、ffが最大（10進数で255）。
		`color: red;`	文字列で色を指定することも可能。
background-color	背景色	`background-color: #f0f0f0;`	色の指定方法は、colorと同じ。
font-size	文字のサイズ	`font-size: 14px;`	文字の大きさを14pxに指定。（単位としてpx、em、remを指定可能）
font-family	文字の種類	`font-family: "ＭＳゴシック", sans-serif;`	sans-serifはゴシック系の欧文フォント。
		`font-family: "ＭＳ明朝",serif;`	serifは明朝系の欧文フォント。
font-weight	文字の太さ	`font-weight: bold;`	太字。
		`font-weight: normal;`	標準の太さ（初期値）。
text-decoration	文字の装飾線	`text-decoration: underline;`	アンダーラインを付ける。
		`text-decoration: none;`	アンダーラインなし。
line-height	行の高さ	`line-height: 16px;`	行の高さを16pxに指定。
		`line-height: normal;`	標準の行の高さ（初期値）。
text-align	文章の位置揃え	`text-align: start;`	書字方向に合わせる（初期値）。
		`text-align: left;`	左側に揃える。
		`text-align: center;`	中央に揃える。
		`text-align: right;`	右側に揃える。
		`text-align: justify;`	最終行を除いて両端揃え、最終行は左揃え。

表2.3 代表的なCSSの属性と宣言方法（幅・高さ、配置関連）

属性	指定対象	指定方法（例）	説明
width	幅	`width: 50%;`	配置する全体エリアに対する幅の割合が50%。
		`width: 50vw;`	ビューポートに対する幅の割合が50%。
		`width: 300px;`	300pxの幅に指定。
height	高さ	`height: 25%;`	配置する全体エリアに対する高さの割合が25%。
		`height: 25vh;`	ビューポートに対する高さの割合が25%。
		`height: 200px;`	200pxの高さに指定。
margin	マージン(要素の外側の余白)	`margin: 30px;`	上下左右のマージンをすべて30pxに指定。
		`margin: 30px 50px;`	上下を30px、左右を50pxのマージンに指定。
		`margin: 20px 30px 40px;`	上、左右、下の順にマージンを指定。
		`margin: 20px 30px 40px 50px;`	上、右、下、左の順にマージンを指定。
margin-top	上のマージン	`margin-top: 30px;`	上側のみのマージンを指定。同様に、margin-bottom、margin-left、margin-rightがある。
padding	パディング(要素の内側の余白)	`padding: 20px;`	上下左右のパディングを指定。指定方法は、marginと同じ。
float	横並び指定	`float: left;`	要素を左寄せに配置、続く内容は右に回り込む。
		`float: right;`	要素を右寄せに配置、続く内容は左に回り込む。
position	配置位置	`position: relative;`	相対位置への配置を指定。
		`position: absolute;`	絶対位置への配置を指定。
left	左からの配置位置	`left: 30px;`	基準左端から配置するボックス左端までの距離。同様に、right（右から）、top（上から）、bottom（下から）がある。

属性	指定対象	指定方法（例）	説明
overflow	上からの配置位置	overflow: visible;	入りきらない場合、はみ出して表示。
		overflow: hidden;	入りきらない場合、表示されない。
		overflow: scroll;	スクロールバーを表示。
		overflow: auto;	入りきらない場合のみ、スクロールバーを表示。
box-sizing	ボックスサイズの算出方法の指定	content-box;	padding と border を幅と高さに含めない（初期値）。
		border-box;	padding と border を幅と高さに含める。

表2.4 代表的な CSS の属性と宣言方法（表関連）

属性	指定対象	指定方法（例）	説明
table-layout	テーブルの表示方法	table-layout: auto;	テーブルの列幅を自動レイアウト（初期値）。
		table-layout: fixed;	テーブルの列幅を固定レイアウト。
border-collapse	ボーダの表示方法	border-collapse: separate;	隣接するボーダを離して表示する（初期値）。
		border-collapse: collapse;	隣接するボーダを重ねて表示する。
border	ボーダのスタイル	border: 1px solid red;	1px の実線で赤色のボーダを指定。
		border: 3px inset #0000ff;	3px の青色の立体的なボーダを指定。
border-right	右側のボーダスタイル	border-right: 3px double #ff0000;	3px の赤色の二重線を右側のみ指定。（border-left, border-top, border-bottom を指定可）

2.4 CSS による修飾

HTML には、見出しや段落、表などを一つのかたまりとして扱う**ブロック要素**と、ブロック内部の文章の途中に使われる**インライン要素**があります。

ブロック要素は一つのかたまりとして表示されるため、float 属性で横並び指定をしない場合、改行されて表示されます。ブロック要素としてよく利用されるのは、div 要素（区分：division の略称）です。以下の 2-5.html と 2-5.css の例（ブラウザ表示は図 2.5）では、全体の枠部分と「プログラマー」などの内部の枠部分の 2 箇所で利用されています。

一方、インライン要素でよく利用されるのは span 要素です。以下の例では、「IT 関連の注目の職業」の文章の途中で、「注目の」の部分に <span class="strong"> ～ </span> のように span 要素を使い、CSS でその部分の表現を指定しています。

HTML 2-5.html

```
    . . .
8       <body>
9           <center>
10          <p>IT 関連の <span class="strong"> 注目の </span> 職業 </p>
11          <div class="job">
12              <div id="programmer"> プログラマー </div>
13              <div> システムエンジニア </div>
14              <div>WEB デザイナー </div>
15              <div> ゲームクリエイター </div>
16          </div>
```

```
17          </center>
18      </body>
・・・
```

CSS 2-5.css

```
1  body {
2      background-color: lightblue;
3      font-size: 30px;
4  }
5
6  .strong {
7      font-size: 40px;
8      color: blue;
9  }
10
11 .job {
12     background-color: white;               ← 背景色を白色に設定
13     width: 300px;                          ← 幅を 300px にし設定
14     border: 3px solid Blue                 ← 枠線を 3px 実線の青色に設定
15 }
16
17 .job div{
18     font-size: 20px;                       ← フォントサイズを 20px に設定
19     text-align: left;                      ← 左揃えに設定
20     margin: 20px;                          ← 外側の余白を 20px に設定
21     padding: 5px;                          ← 内側の余白を 5px に設定
22     padding-left: 30px;                    ← 内側の左余白を 30px に設定
23     border: 1px solid #303030;             ← 枠線を 13px 実線のグレー色に設定
24 }
25
26 #programmer {
27     color: white;                          ← 文字を白色に設定
28     background-color: blue;                ← 背景を青色に設定
29 }
```

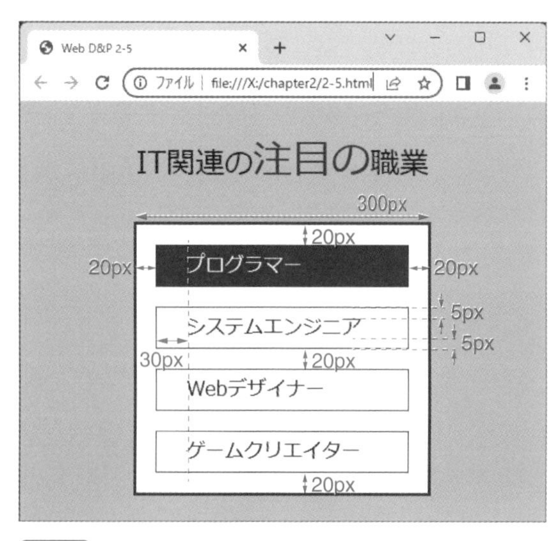

図2.5 CSSにより幅、マージンを指定

次に、CSSの具体的な使い方を解説します。2-5.cssでは、.job { } により <div class = "job"> ～ </div> 部分の背景色、幅、枠線を指定しています（背景色として白色、幅に300px、枠線に3pxの青色の実線を指定）。また、

```
<div class="job">
    <div> プログラマー </div>
    <div> システムエンジニア </div>
    <div> Web デザイナー </div>
    <div> ゲームクリエイター </div>
</div>
```

のように階層的にHTMLを定義した場合、CSSにおいて、「.job div」のようにスペースで区切って階層下の内容を定義することが可能です。class="job" で定義されたdiv要素の階層の下のdiv要素（ここでは、プログラマーからゲームクリエイターまでの四つのdiv要素）に対して、文字の大きさ、位置合わせ、余白（外側、内側）、枠線を指定します。

色は、表2.5のように色の英語名やRGB（光の三原色：Red、Green、Blue）で指定します。

表2.5 色の指定

指定法	例
色名で指定	white、blue、red、brown、orange、beige など
RGB を 16 進数で指定	#ff0000（赤色）、#ffff00（黄色）、#303030（グレー色）など
RGB を 10 進数で指定	rgb (255,0,0)（赤色）、rgb (0,255,255)（水色）など

ブラウザでは、開発者向けのツールを用意しています。Google Chromeでは、Webページ上でマウスの右ボタンをクリックしてコンテキストメニューを表示し、最下段にある「検証」を選択します。すると、図2.6のような開発者用のウィンドウ（DevTools）が表示されます。

上部メニューの「Elements」の画面で▼や▶を選択して階層の下を指定し、HTML

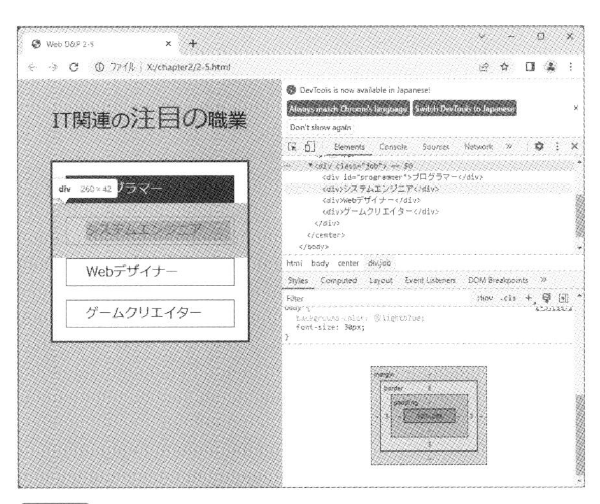

図2.6 開発者ツールの画面

の行をマウスで動かすことで、margin、padding などのエリアを Web ブラウザ上で見ることができます。DevTools 内にも解説があるように、オレンジ色が margin、緑色が padding、青色が文字などのオブジェクトになります。枠線に太さがある場合は、黄色で表示されます。ブラウザの表示の上に薄い黄色が表示されるので、枠線に黒色を指定している場合は、枠線の色と重なって見えないので注意してください。

この DevTools の画面を確認し、外側の余白（margin）と内側の余白（padding）を適切に設定しながら、表現したいデザインに近づけていきます。この例では、外側の余白（オレンジ色）の margin が 20px、内側の余白（緑色）の padding が 5px です。ただ、`padding-left: 30px;` という定義があるため、左側の内側余白は 30px となります。

なお、垂直に隣接して配置された margin は相殺されて処理されるため、「プログラマー」「システムエンジニア」「Web デザイナー」「ゲームクリエイター」のそれぞれの間の余白は 20px + 20px = 40px ではなく、20px となります。

余白はわかりにくいので、必ずブラウザの開発者ツールを利用して確認しながら、値を決めてください。Chrome の場合は「検証」、Edge の場合は「開発者ツールで調査する」、FireFox の場合は「調査」、Safari の場合「要素の詳細を表示」で開発者ツールが開きます。Firefox 以外のブラウザではオレンジ色は margin、緑色は padding となっています。

2-5 CSS によるレイアウト

div 要素を使ったブロック要素は、通常改行されて下に順次配置されますが、親要素に対して float: left; 属性を設定すると、左寄せで横並びに配置することができます。

図 2.7 は、四つのブロックを左寄せで横並びに配置した例です。この例では、「IT 関連の職業」部分の高さを 40px に指定しています。「プログラマー」から「ゲームクリエイター」の四つの職業名が横に並んで表示されますが、画面に対して横に 4 分割されて表示されます。枠線は 2px のグレー色の破線で、角が丸い形をしています。枠線は、「IT 関連の職業」のタイトル部分の下側全体に表示されるようになっています。

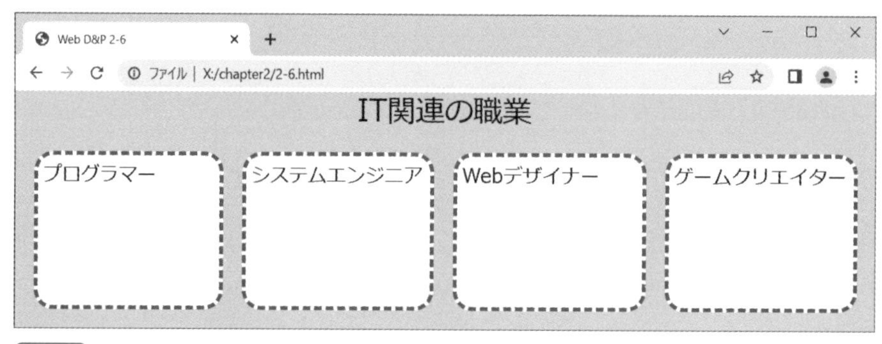

図2.7 画面レイアウトの例

次に、図2.8のような画面構成を考えます。横方向に対しては4等分しますが、濃い青色の部分を全体のdiv要素の内側の余白（padding）として設定し、その内側に階層下のdiv要素の外側の余白（margin）を含めた大きさを4等分します。これにより、横に並んだ階層下のdiv要素の間隔を20px固定にすることができます。縦方向に対しては、タイトル部分の40pxを固定に設定し、残る部分いっぱいを使って枠を表示します。

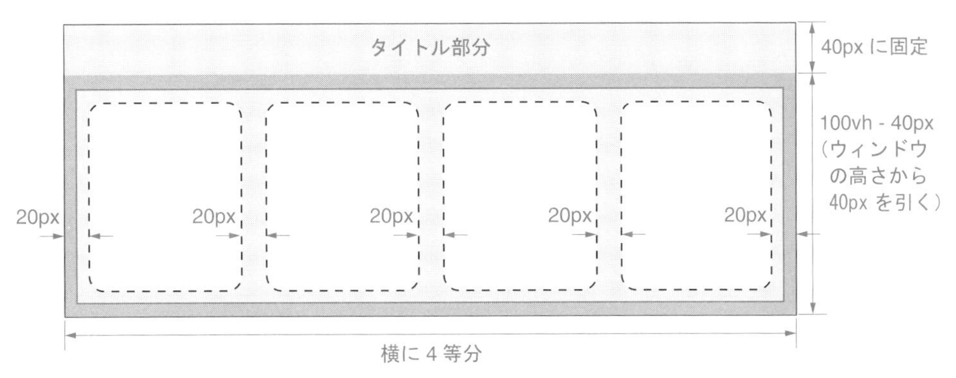

図2.8 画面構成

2-6.htmlでは、class="title"を指定したdiv要素「IT関連の職業」があります。次の行にはclass="job"を指定したdiv要素があり、その中に「プログラマー」から「ゲームクリエイター」までの四つのdiv要素が配置されています。階層の下に四つのdiv要素があることに注目して、次のCSSの定義を見ていく必要があります。

2-6.cssでは、*というセレクタを使っています。*を使うと、すべての要素に対して属性値の設定を行うことができます。ここでは、marginを0に指定し、box-sizingという属性をborder-boxに指定します。初期状態ではbox-sizingはcontent-boxで、コンテンツ領域のみの設定となり、paddingと境界線を含みません。しかし、border-boxにすることで、要素の幅や高さを指定する際にpaddingと境界線を含めた定義となり、設定が容易になります。

HTML 2-6.html

```
   ...
 8     <body>
 9         <div class="title">IT関連の職業</div>
10         <div class="job">
11             <div>プログラマー</div>
12             <div>システムエンジニア</div>
13             <div>Webデザイナー</div>
14             <div>ゲームクリエイター</div>
15         </div>
16     </body>
   ...
```

CSS 2-6.css

```
1  * {
2      margin: 0;
3      box-sizing: border-box;
```

```
4  }
5
6  body {
7      background: #c7e8fa;          /* 水色を指定 */
8  }
9
10 .title {
11     font-size: 30px;
12     line-height: 30px;
13     height: 40px;
14     padding: 5px;
15     text-align: center;
16 }
17
18 .job {
19     width: 100vw;
20     height: calc(100vh - 40px);
21     padding: 10px;
22 }
23
24 .job div {
25     color: black;
26     background: white;
27     font-size: 20px;
28     width: calc(100%/4 - 20px);
29     height: calc(100% - 20px);
30     float: left;
31     margin: 10px;
32     padding: 5px;
33     border: 4px dashed gray;
34     border-radius: 20px;
35 }
```

CHECK

CSSでは、定義以外のコメントを記述したいときは、/* ・・・ */を使います。・・・の部分に必要に応じて説明を記述しておくと見やすくなります。後述のJavaScriptやPHPで利用できる//を使ったコメントは使用することができません。

.titleにより、フォントサイズ（font-size）および行間（1行分の高さ）（line-height）を30px、エリアの高さ（height）を40pxに指定します。これでタイトル部分の高さが40px固定となります。

CSSでは、以下のように、値を数値ではなく計算式で指定することができます。

```
セレクタ {
    属性 : calc( 計算式 );
}
```

calc( )の中に計算式を指定します。四則演算子を指定し、括弧付きの入れ子状態での指定や、単位の異なる値を混在させた指定も可能です。ただし、+演算子と－演算子の両側にはスペースが必要です。

ブラウザのウィンドウのことを**ビューポート**とよびます。ここでは、vwやvhという単位を用います。vwは、viewport widthの略で、ウィンドウの幅に対する割合を指定します。vhは、viewport heightの略で、ウィンドウの高さに対する割合を指定します。例えば、図 2.8 の中の「100vh」はビューポートの高さの 100%を表しています。

`.job` では、幅を 100vw（ビューポートの幅の 100 %）に指定します。高さは `calc(100vh - 40px)` により、ビューポートの高さから 40px 引くという式で定義します。100vh と 40px の間の -（マイナス）部分にはスペースが必要です。`calc(100vh-40px)` では処理しません。そして、padding（内側の余白）を 10px としています。これにより、図 2.8 の濃い青色部分の全体の余白部分を定義します。

`.job div` は前節同様、`class="job"` の下の階層の div 要素に対して定義します。四つの職業名を定義している枠部分を指定します。幅は親要素に対して 100%/4 から 20px を引いた形としています。20px を引く理由は、margin（.job div 要素の外側の余白）が 10px なので、左右で 20px だけ小さくなるからです。横に並んだ margin の場合は、垂直方向の隣接 margin の場合（2.4 節を参照）と違い、相殺されることはないので、2 倍になります。

`float: left;` の指定により、ブロック要素である div タグが改行されずに左詰めで配置されます。この例では階層下の div 要素の合計が親要素の幅と合っているため、各 div 要素が隙間なく配置されます。階層下の div 要素のほうが大きくなると、表示できる範囲を超えて改行して下段に表示され、逆に小さくなると、右側に余白ができます。

`padding: 5px;` により、破線と文字の隙間（内外の余白）を 5px に指定します。

例題2

1 日から始まり、月末が 31 日の月のカレンダー（図 2.9）を表示する Web ページを作成します。以下の HTML と CSS のファイルの空欄を埋めてください。

カレンダーは、ウィンドウのサイズいっぱいに表示されます。背景は薄いグレー色（lightgray）とし、日付部分は角丸（半径 10px）の 1px のグレー色（gray）の実線の枠線が入り、枠内は白色（white）とします。日付の枠線と枠線の間の隙間は 6px とします。1 日～ 31 日の文字は枠内の 5px 内側に書き、黒色で 20px の大きさとします。

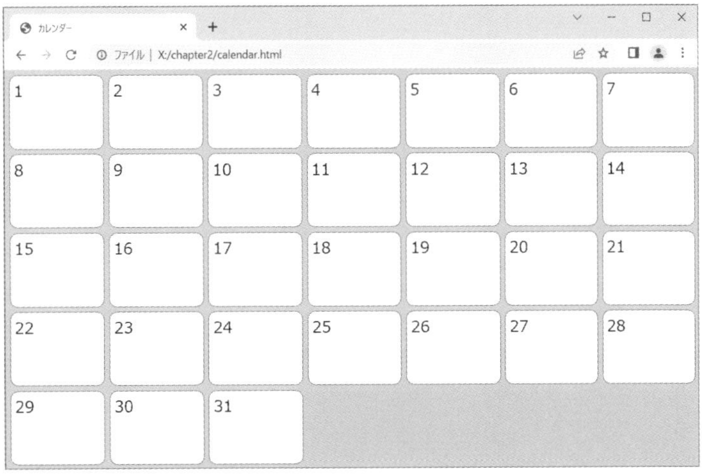

図2.9 1日から始まるカレンダー

HTML chapter2/calendar.html

```
 1  <!DOCTYPE html>
 2  <html>
 3      <head>
 4          <meta charset="utf-8">
 5          <title>カレンダー</title>
 6          <link rel="stylesheet" href="①          ">
 7      </head>
 8      <body>
 9          <div class="calendar">
10              <div>1</div>
11              <div>2</div>
12              <div>3</div>
                    ・・・途中省略・・・
39              <div>30</div>
40              <div>31</div>
41          </div>
42      </body>
43  </html>
```

CSS chapter2/calendar.css

```
 1  * {
 2      margin: 0;
 3      box-sizing: border-box;
 4  }
 5
 6  body {
 7      background: lightgray;
 8  }
 9
10  .calendar {
11      width: ②        ;
12      height: ③        ;
13      padding: 3px;
14  }
15
16  .calendar div{
17      width: calc( ④              );
18      height: calc( ⑤              );
19      background: white;
20      border: 1px solid gray;
21      border-radius: 10px;
22      margin: ⑥        ;
23      padding: ⑦        ;
24      font-size: 20px;
25      ⑧          : left;
26  }
```

解説 ①は、CSS のファイル名を指定するので、ここでは calendar.css が入ります。

②と③では、.calendar クラスの幅・高さを指定します。ブラウザの画面いっぱいに表示するので、②の幅は 100vw、③の高さは 100vh となります。

④と⑤は、カレンダーの日付が表示される枠部分のサイズを指定しています。横に 7 分割、縦に 5 分割ですが、日付の枠線と枠線の間には 6px の隙間を設けることにより、6px を引く必要があります。④には calc(100% /7 - 6px)、⑤には calc(100% /5 - 6px) が入ります。マイナスの前後には必ずスペースを入れます。

⑥と⑦は、余白の指定です。日付の枠の外側の余白として margin を指定します。枠線の間に 6px の隙間を設けることになっているため、⑥の margin としては 3px を指定します。日付の文字は枠線の内側 5px に作図するので、⑦の padding としては 5px を指定します。

⑧は、div 要素の配置方法です。通常、div 要素は改行されて表示されますが、float: left; を指定すると、左寄せで配置することができます。よって、⑧には float が入ります。

＜答え＞ ① calendar.css ② 100vw ③ 100vh ④ calc(100%/7 - 6px) ⑤ calc(100%/5 - 6px) ⑥ 3px ⑦ 5px ⑧ float

練習2

以下の画像のようなブラウザ表示となるように、HTML と CSS の空欄を埋めてください。

タイトル行は、40px の高さの薄いグレー色を背景とします。「100 メートル走」の部分のみ 40px で大きい文字で表示します。

4 人の記録部分はタイトルの下側を上下 2 分割したレイアウトとします。外側と枠の間の隙間の白い部分は 10px とし、文字は枠内の 10px 内側に配置します。佐藤一郎の枠のみ青色とし、文字は白色とします。

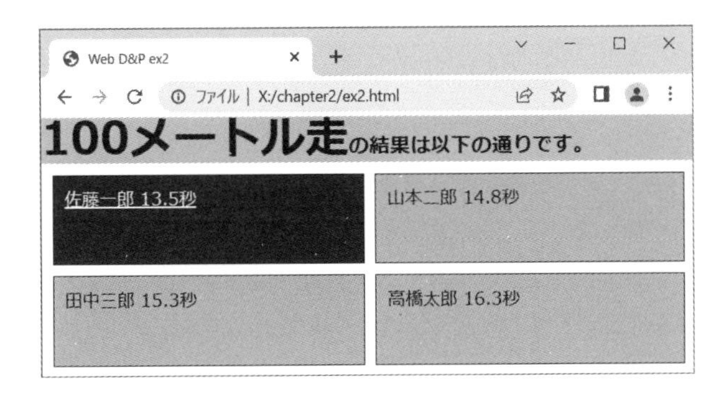

HTML ex2.html

```
1  <!DOCTYPE html>
2  <html>
3      <head>
4          <meta charset="utf-8">
5          <title>Web D&P ex2</title>
6          <link rel="①__________" href="②__________">
7      </head>
8      <body>
9          <h3><span ③______="shurui">100 メートル走 </span> の結果は以下の通りです。
10         </h3>
11         <div class="kiroku">
12             <div ④______="satou"> 佐藤一郎 13.5 秒 </div>
13             <div> 山本二郎 14.8 秒 </div>
14             <div> 田中三郎 15.3 秒 </div>
15             <div> 高橋太郎 16.3 秒 </div>
16         </div>
17     </body>
18 </html>
```

CSS ex2.css

```
* {
    margin: 0;
    box-sizing: border-box;
}

h3 {
    line-height: 40px;
    height: 40px;
    background-color: rgb(212, 212, 212);
}

.shurui {
    font-size: 40px;
}

⑤______ {
    width: 100vw;
    height: ⑥________;
    padding: 5px;
}

.kiroku div {
    background-color: lightblue;
    border: 1px solid black;
    width: ⑦________;
    height: ⑧________;
    margin: 5px;
    padding:10px;
    ⑨________: left;
}

#satou {
    text-decoration: underline;
    background-color: blue;
    ⑩________: white;
}
```

まとめ

この章では、Web ページの装飾方法として CSS を学びました。

- CSS ファイルを用意し、HTML 側にファイルを指定します。
  `<link rel="stylesheet" href="CSS ファイル名 ">`
- CSS では、**セレクタ { 属性 : 値 ;}** の形で定義します。
- セレクタには以下の 3 種類があります。
  (1) タグ名
  (2) class 名（. ドットで始まる）
  (3) id 名（# で始まる）
- HTML を階層的に定義し、セレクタを上位の要素名から順にスペースでつなぐことで、階層下の要素のスタイルを定義することができます。

レスポンシブ Web デザイン

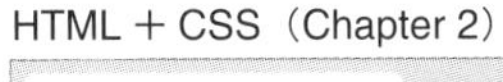

パソコン、タブレット、スマートフォンでは、画面の大きさや解像度、縦横比がそれぞれ異なります。

ここでは、画面サイズの異なる Web ブラウザへの対応のさせ方とともに、スマートフォンやタブレットなど異なるデバイスにも対応できる CSS の定義方法（レスポンシブ・デザイン）について学びます。また、レイアウトを効率的に行うフレックスボックスについても学びます。

HTML ＋ CSS（Chapter 2）

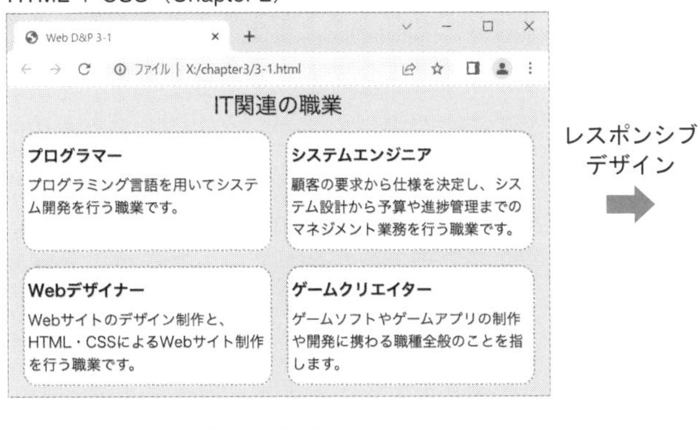

レスポンシブ
デザイン

スマートフォン
での表示に対応

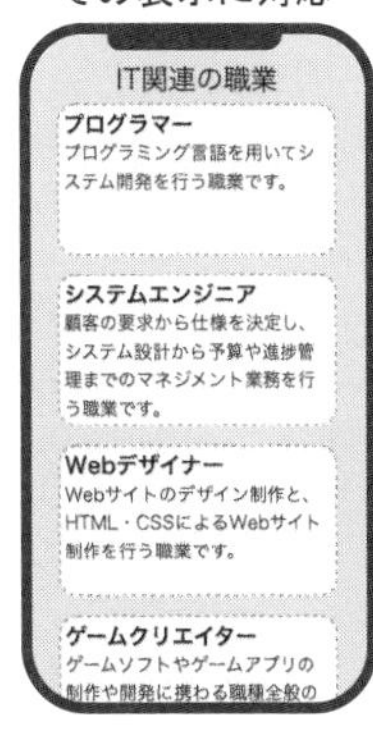

3 1 メディアクエリ

Web ブラウザによる閲覧は、パソコン、タブレット、スマートフォンなど、さまざまなデバイスで行われています。各デバイスの画面のサイズやアスペクト比（縦横の比率）は異なります。幅や高さを固定して作成した Web ページは、あるデバイスでは思い通りに表示されても、他のデバイスでは画面が乱れてしまうことがあります。また、パソコン用に作成されたページは、スマートフォンなどでは文字が小さく表示され、見ることが困難な状況になります。

レスポンシブ Web デザインとは、一つの HTML を CSS で制御し、ユーザが閲覧するデバイスの画面サイズに応じて、ページレイアウトを最適化して表示させる技術のことをいいます。レスポンシブ（responsive）には「反応が良い」といった意味があり、敏感に反応する効率の良い Web ページを作る方法と考えるとわかりやすいと思います。

それでは、最初に、デバイスの画面サイズに対応して表示条件が変化するページを例

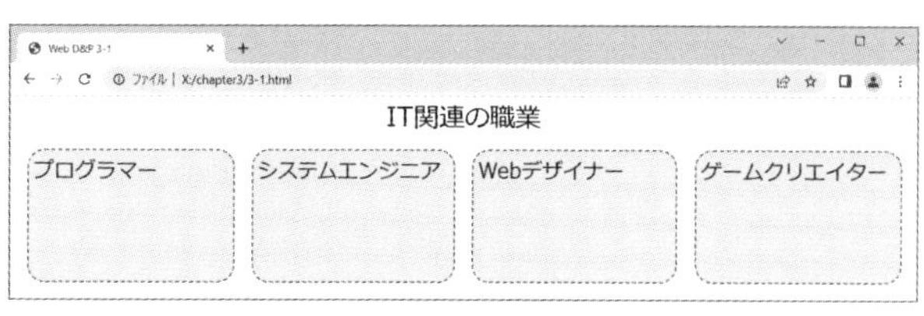

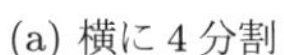
(a) 横に 4 分割

(b) 横 2 分割，縦 2 分割

図3.1 メディアクエリにより幅に応じた分割数を設定したページ

に説明します。ここでは、CSS 内で**メディアクエリ**とよばれる手法を使います。メディアクエリを使えば、例えば図 3.1 のように、ウィンドウの幅に応じた分割をすることができます。

3-1.html では、3-1.css の設定によって、Web ブラウザのウィンドウの横幅が十分に大きいときは横に 4 分割、横幅が 1000px 以下になると横 2 分割、縦 2 分割になります。

メディアクエリでは、CSS ファイルにおいて `@media only screen and(max-width: 1000px){ }` のように記述し、`max-width:` でサイズを指定すると、指定されたウィンドウの横幅が最大となるまで、`{ }` で囲った CSS の指定が有効になります。

3-1.css においては、`.job div` の定義として `calc(25% - 20px)` でウィンドウの幅に対して 4 分割していますが、1000px 以下の場合、`calc(50% - 20px)` で幅と高さを 2 分割しています。

HTML 3-1.html

```
    . . .
 8      <body>
 9          <div class="title">
10              IT 関連の職業
11          </div>
12          <div class="job">
13              <div> プログラマー </div>
14              <div> システムエンジニア </div>
15              <div>Web デザイナー </div>
16              <div> ゲームクリエイター </div>
17          </div>
18      </body>
    . . .
```

CSS 3-1.css

```
    . . .
16  .job {
17      width: 100vw;
18      height: calc(100vh - 40px);
19      padding: 10px;
20  }
21
```

```
22 .job div {
23     color: black;
24     padding: 5px;
25     margin: 10px;
26     width: calc(25% - 20px);
27     height: calc(100% - 20px);
28     float: left;
29     border: 2px dashed gray;
30     border-radius: 20px;
31     background-color: #f6f6ff;
32 }
33
34 /* ウィンドウの幅が最大 1000px までのとき（つまり 1000px 以下のとき）*/
35 @media only screen and (max-width:1000px) {
36     .job div {
37         width: calc(50% - 20px);
38         height: calc(50% - 20px);
39     }
40 }
```


次の例では、ウィンドウの幅が1000pxを超える場合は図3.2のように、画面全体の背景をグレーにし、中央に1000pxの白い領域を作り、その中に横4分割の枠を表示します。ウィンドウの幅が1000px以下の場合は、前の例と同様、ウィンドウの幅と高さに対して2分割します。

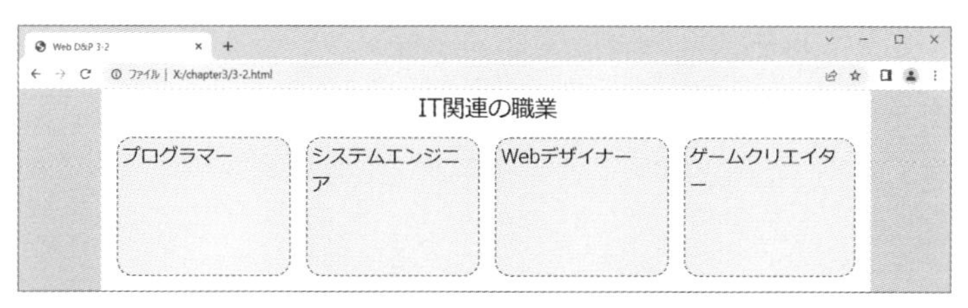

図3.2 メディアクエリにより幅に応じて表現を変更（ウィンドウの幅が1000pxを超えた場合に、中央のみ白く表示）

3-2.htmlの<center>により全体を中央揃えにし、<div class="container">によりコンテナ部（図3.2の中央の白い部分）を作成します。3-2.cssでは、bodyは#e0e0c0のグレー色とし、.containerを1000px固定の白色とします。これにより、中央部分の背景のみを白くできます。続いて、メディアクエリを使うことで、1000pxより画面が小さくなったときには、.containerの幅を100vwとすることで、ビューポートの100%（画面いっぱい）に設定しています。

HTML 3-2.html

```
   . . .
8     <body>
9         <center>
10        <div class="container">
11            <div class="title">
12                IT 関連の職業
13            </div>
```

```
14                <div class="job">
15                    <div> プログラマー </div>
16                    <div> システムエンジニア </div>
17                    <div>Web デザイナー </div>
18                    <div> ゲームクリエイター </div>
19                </div>
20            </div>
21            </center>
22        </body>
   ・・・
```

CSS 3-2.css

```
   ・・・前半省略・・・
 8 body {
 9     background: #e0e0e0;
10 }
11
12 .container {
13     width: 1000px;
14     background: white;
15 }

   ・・・途中省略・・・
47 /* ウィンドウの幅が最大 1000px までのとき（つまり 1000px 以下のとき）*/
48 @media only screen and (max-width:1000px) {
49     .container {
50         width: 100vw;
51     }
52     .job div {
53         width: calc(50% - 20px);
54         height: calc(50% - 20px);
55     }
56 }
```

3-2 CSSピクセルとスマートフォン対応

画面の解像度のことをppi（pixels per inch）といい、1インチあたりのピクセル数で表します。解像度（ppi値）が高いほど、精細で見やすい画面になります。一般に、パソコンに比べてスマートフォンのほうが高密度であるため、相対的に図形や文字が小さくなり、見づらくなってしまいます。そのため、実際の画面の解像度ではなく、**CSSピクセル**というデバイスを考慮したピクセル値を使用します。

スマートフォンの端末は大きくiOS系とAndroid系に分かれており、それぞれ異なる方法でCSSピクセルを設定します。

iOS系では、CSSピクセルのことを「ポイント（pt）」とよびます。文字サイズに使うptとは無関係です。例えば、iPhone 13のポイント（CSSピクセル）は844 × 390となります。この値に倍率3を掛けたものが実際の画面サイズ（2532px × 1170px）です。この倍率のことを**デバイスピクセル比**とよびます。

Android系では、**dp解像度**（dp：density-independent pixel、密度非依存）という

考え方により、表3.1のように汎用密度をldpiからxxhdpiまでの6段階に分けて定義し、それぞれの倍率（デバイスピクセル比）を設定します。例えば、Xperia XZ3の場合、dpi値は537dpiで、倍率（デバイスピクセル比）は4となります。画面サイズは2880px × 1440px、dp解像度（CSSピクセル）は720 × 360になります。

表3.1 汎用密度とデバイスピクセル比

汎用密度	dpi値	倍率（デバイスピクセル比）
ldpi	～ 120 dpi	× 0.75
mdpi	～ 160 dpi	× 1
hdpi	～ 240 dpi	× 1.5
xhdpi	～ 320 dpi	× 2
xxhdpi	～ 480 dpi	× 3
xxxhdpi	～ 640 dpi	× 4

次の3-3.htmlの例では、以下の1文が<head>タグの中に加えられています。

```
<meta name="viewport" content="width=device-width, initial-scale=1">
```

この行により、スマーフォンやタブレットのブラウザは、画面のサイズが前述のCSSピクセルを参照するようになり、文字の大きさもスマートフォンで見たときに合ったものとなります。

また、メディアクエリの設定で、幅を最大768ピクセルまで（768px以下のとき）は画面いっぱいとし、高さは画面の1/4とするようにCSSを定義します。

HTML 3-3.html

```
1  <!DOCTYPE html>
2  <html>
3      <head>
4          <meta charset="utf-8">
5          <meta name="viewport" content="width=device-width, initial-scale=1">
6          <title>Web D&P 3-3</title>
7          <link rel="stylesheet" href="3-3.css">
8      </head>
9      <body>
           ・・・途中省略・・・
23     </body>
24 </html>
```

CSS 3-3.css

```
   ・・・前半省略・・・
56 /* ウィンドウの幅が最大768pxまでのとき（つまり768px以下のとき）*/
57 @media only screen and (max-width:768px) {
58     .job div {
59         width: calc(100% - 20px);
60         height: calc(25% - 20px);
61     }
62 }
```

図3.3のように、開発者ツール（DevTools）を開き、上のメニューの左から2番目の「Toggle device toolbar」をクリックすると、スマートフォンやタブレットとパソコンの画面を切り替えて表示することができます。スマートフォンに切り替えたら、上側の「Dimensions:」のリストより、スマートフォンやタブレットの機種を選択して、寸法を指定します。

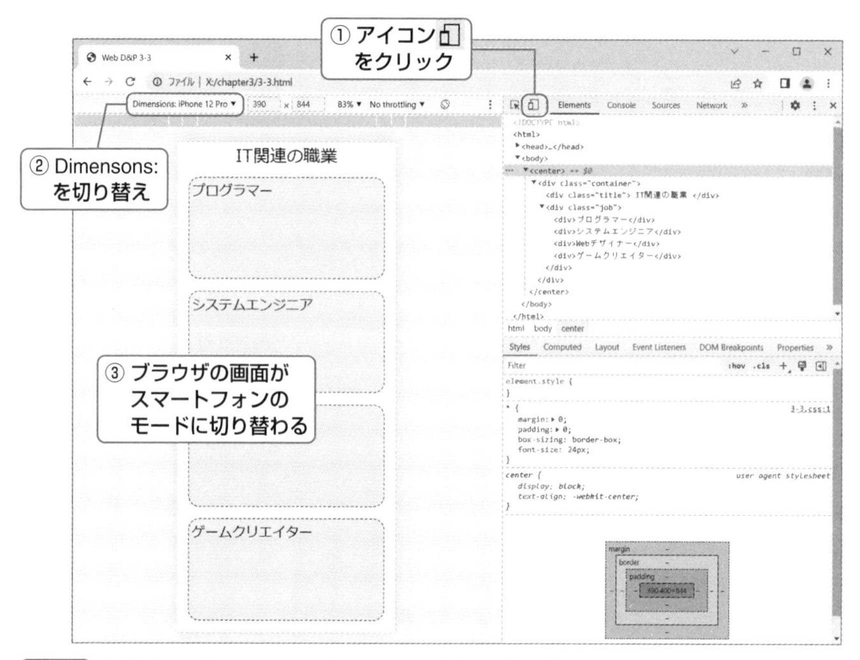

図3.3 開発者ツールで、スマートフォンモードへの切り替え

CHECK Webページは、パソコンだけでなく、スマートフォンやタブレットでも利用（閲覧）されることを前提に作成する必要があります。開発ツール（DevTools）は、スマートフォンなどの実機で確認する前にパソコン上で各デバイスでの表示を確認できるので、便利なツールです。

3 3 フレックスボックス

フレックスボックス（Flexible Box Module）を使うと、Webページのレイアウトを簡単に行うことができます。

フレックスボックスは、以下に示すHTMLのように親要素と子要素の関係にあるとき、子要素の配置を柔軟に指定することができます。

```
<div class="parent">
    <div class="child">子要素 1</div>
    <div class="child">子要素 2</div>
    <div class="child">子要素 3</div>
</div>
```

3-4.html では、親要素は class="container"、子要素は "job1" と "job2" が定義されています。3-4.css 内では、親要素（.container）に対して、(A) の display:flex; と flex-flow:row; の定義により、子要素が横並びに配置されます（図 3.4）。メディアクエリでウィンドウの幅が 768px 以下のとき、(B) の flex-flow:column; により縦に配置されます（図 3.5）。これまでの CSS 定義では、横並びに配置するときに float:left; を指定していましたが、フレックスボックスでは float による定義は不要です。

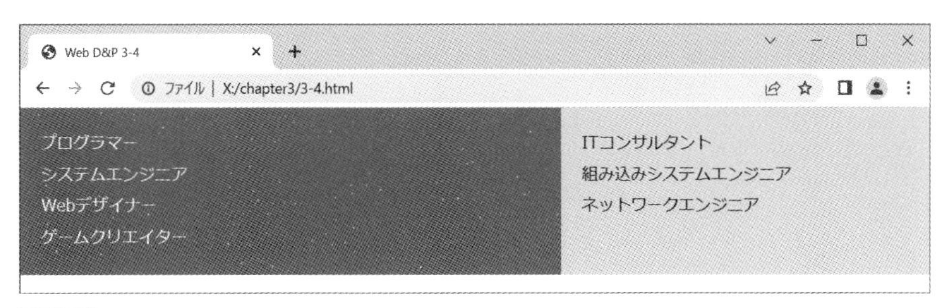

図3.4 幅が 768px より大きいとき

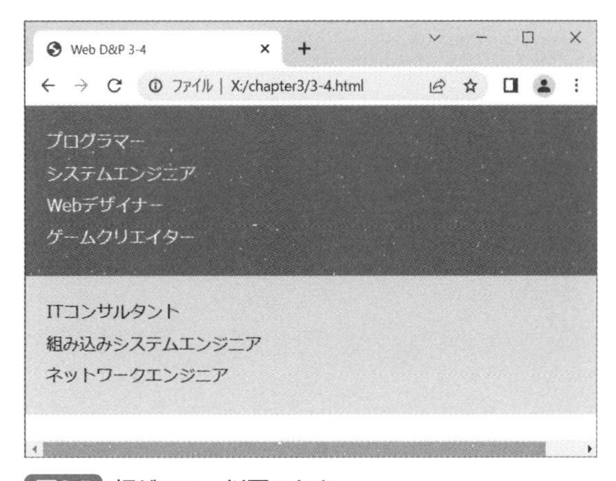

図3.5 幅が 768px 以下のとき

HTML 3-4.html

```
1  <!DOCTYPE html>
2  <html>
3      <head>
4          <meta charset="utf-8">
5          <meta name="viewport" content="width=device-width, initial-scale=1">
6          <title>Web D&P 3-4</title>
7          <link rel="stylesheet" href="3-4.css">
8      </head>
9      <body>
10         <center>
11         <div class="container">
12             <div class="job1">
13                 <div> プログラマー </div>
14                 <div> システムエンジニア </div>
```

```
15                <div>Web デザイナー </div>
16                <div> ゲームクリエイター </div>
17            </div>
18            <div class="job2">
19                <div>IT コンサルタント </div>
20                <div> 組み込みシステムエンジニア </div>
21                <div> ネットワークエンジニア </div>
22            </div>
23        </div>
24        </center>
25    </body>
26 </html>
```

CSS 3-4.css

```
   ・・・前半省略・・・
 6 .container {
 7     display: flex;                  ]・・・(A)
 8     flex-flow: row;
 9     text-align: left;
10 }
11 
12 .job1 {
13     width: 60%;
14     background-color: #f0f0ff;
15     color: white;
16     padding: 20px;
17     line-height: 30px;
18 }
19 
20 .job2 {
21     width: 40%;
22     background-color: #f0fff0;
23     color: black;
24     padding: 20px;
25     line-height: 30px;
26 }
27 
28 /* ウィンドウの幅が最大 768px までのとき（つまり 768px 以下のとき）*/
29 @media only screen and (max-width:768px) {
30     .container {
31         flex-flow: column;            ・・・(B)
32     }
33     .job1,
34     .job2 {
35         width: 100%;
36     }
37 }
```

例題3

図 3.6 のように、ウィンドウ幅が 1000px を超えた場合は横に並んで配置され、ウィンドウ幅が 1000px 以下の場合は縦に並んで配置される Web ページを作成します。CSS ファイルの空欄を埋めてください。

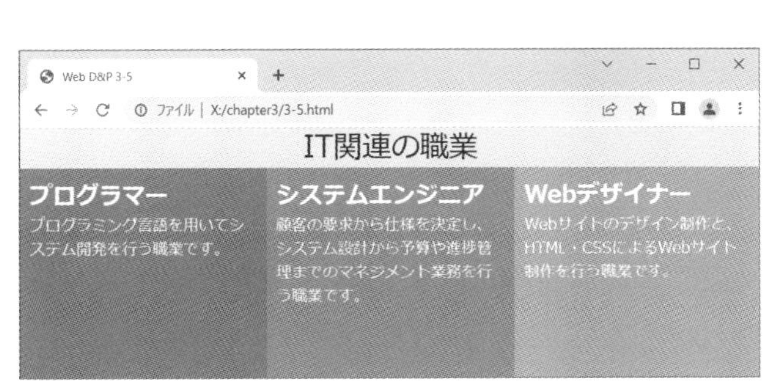

(a) ウィンドウ幅が 1000px を超えた場合

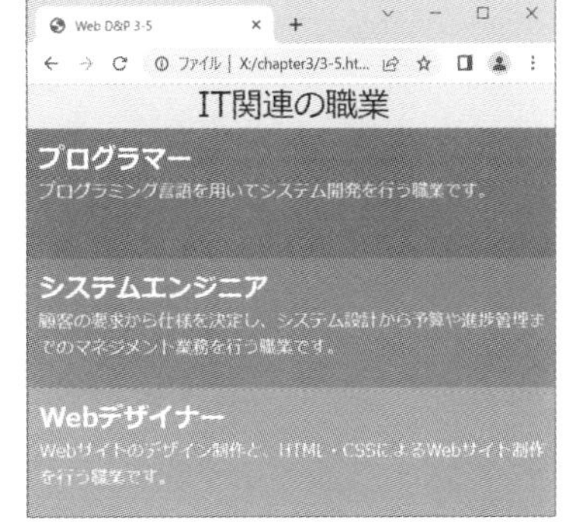

(b) ウィンドウ幅が 1000px 以下の場合

図3.6 ウィンドウ幅の違いによりレイアウトが変化するページ

HTML 3-5.html

```
1  <!DOCTYPE html>
2  <html>
3      <head>
4          <meta name="viewport" content="width=device-width, initial-scale=1">
5          <meta charset="utf-8">
6          <title>Web D&P 3-5</title>
7          <link rel="stylesheet" href="3-5.css">
8      </head>
9      <body>
10         <div class="title">
11                 IT 関連の職業
12         </div>
13         <div class="job">
14             <div id="programmer">
15                 <h2> プログラマー </h2>
16                 <p> プログラミング言語を用いてシステム開発を行う職業です。</p>
17             </div>
18             <div id="se">
19                 <h2> システムエンジニア </h2>
20                 <p> 顧客の要求から仕様を決定し、システム設計から予算や進捗管理までのマ
   ネジメントを行う職業です。</p>
21             </div>
22             <div id="web">
23                 <h2>Web デザイナー </h2>
24                 <p>Web サイトのデザイン制作と、HTML・CSS による Web サイト制作を行う職
   業です。</p>
25             </div>
26         </div>
27     </body>
28 </html>
```

CSS 3-5.css

```
* {
    margin: 0px;
    box-sizing: ①____________;
}

.title {
    height: 40px;
    line-height: 40px;
    font-size: 30px;
    text-align: center;
    background-color: #f0f0f0;
}

.job {
    width: 100vw;
    height: calc(100vh - 40px);
    display: ②____________;
    flex-flow: ③____________;
}

.job div {
    width: ④____________;
    height: ⑤____________;
    color: white;
    padding: ⑥____________;
}

@media only screen and (max-width:768px) {
    .job {
        flex-flow: ⑦____________;
    }
}

#programmer {
    background-color: #00a0e8;                /* 濃い青色    */
}

#se {
    background-color: #00b3ed;                /* 次に濃い青色 */
}

#web {
    background-color: #7dcdf3;                /* 薄い青色    */
}
```

解説 CSSの最初のセレクタは*です。これは、すべての要素に対して適応するというものです。marginは0に設定されており、box-sizingとしてborder-box（①）を指定します。これにより、paddingとborderの幅と高さを含めた値としてサイズを指定することができます。

.jobのdisplayにはflex（②）を指定し、flex-flowにはrow（③）を指定します。

.job divでは、幅、高さともに100%（④、⑤）を指定します。.job divのpaddingには10px（⑥）が入ります。

最後に、メディアクエリでは、ウィンドウ幅が768px以下になったときには、.jobに対してflex-flowをcolumn（⑦）に設定します。これにより、垂直方向に上から下へ配置されます。

＜答え＞ ① border-box ② flex ③ row ④ 100% ⑤ 100% ⑥ 10px ⑦ column

練習3

以下の画像のような表示となるように、HTML と CSS の空欄を埋めてください。

10 種類の果物の名前を正方形の枠内に表示します。画面の横幅が 768px を超える場合は正方形のサイズは横幅の 1/4 とし、768px 以下の場合は 1/3 とします。正方形の枠の間には 10px の隙間を設けます。親要素の padding と小要素の margin を 5px ずつ設定することで、隙間の間隔を揃えることができます。

左がパソコンの場合、右がスマートフォンの場合の表示結果です。

Windows パソコンにおいては、高さがウィンドウサイズを超えるためにスクロールバーが表示され、レイアウトがずれてしまいます。その対策として、CSS ファイルの 7 行目に、body 要素に対してスクロールバー非表示を設定しています。

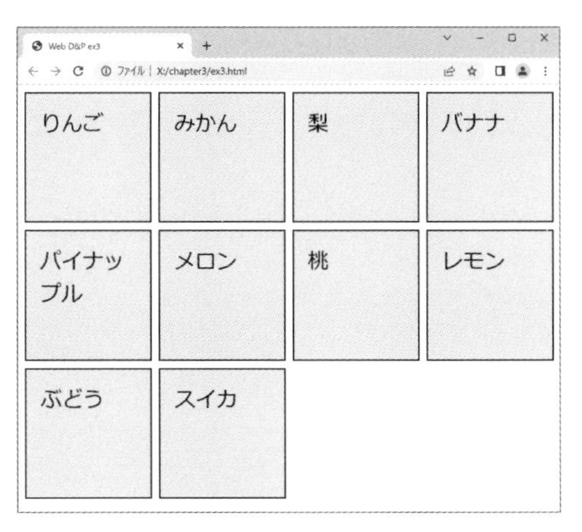

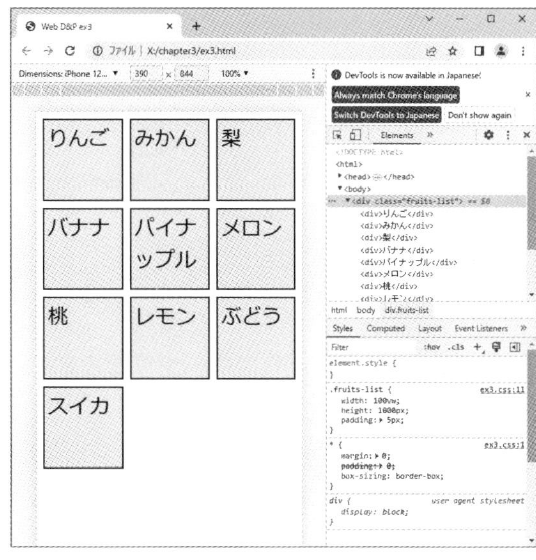

HTML ex3.html

```
1  <!DOCTYPE html>
2  <html>
3      <head>
4          <meta name="①________" content="width=②____________, initial-scale=1">
5          <meta charset="utf-8">
6          <title>Web D&P ex3</title>
7          <link rel="stylesheet" href="ex3.css">
8      </head>
9      <body>
10         <div class="③________">
11             <div>りんご</div>
12             <div>みかん</div>
13             <div>梨</div>
14             <div>バナナ</div>
15             <div>パイナップル</div>
16             <div>メロン</div>
17             <div>桃</div>
18             <div>レモン</div>
19             <div>ぶどう</div>
```

```
20              <div> スイカ </div>
21          </div>
22      </body>
23  </html>
```

CSS ex3.css

```
1   * {
2       margin: 0;
3       padding: 0;
4       box-sizing: border-box;    /* 幅・高さの指定で padding と border を含める */
5   }
6
7   body::-webkit-scrollbar {      /* Windows では、スクロールバーを非表示にする */
8       display: none;
9   }
10
11  .fruits-list {
12      width: 100vw;
13      padding: ④____________;
14  }
15
16  .fruits-list ⑤____ {
17      width: calc ⑥__________________;   /* 100vw を使って指定する */
18      height: calc ⑥__________________;  /* width と同じ式を指定する */
19      margin: ⑦____;
20      padding: 20px;                     /* 内側の余白を 20px に指定 */
21      border: 2px solid black;           /* 枠線を 2px の黒に指定 */
22      background: #f0f0f0;               /* 背景を薄いグレーに指定 */
23      ⑧________: left ;                  /* 左に寄せながら配置 */
24      font-size: 30px;
25  }
26
27  /* ウィンドウの幅が最大 768px までのとき（つまり 768px 以下のとき）*/
28  @media only screen and (⑨________:768px) {
29      .fruits-list div {
30          width: calc ⑩______________;    /* 3 分割とする */
31          height: calc ⑩______________;   /* width と同じ式を指定する */
32          padding: 5px;                   /* 内側の余白を 5px に指定 */
33      }
34  }
```

まとめ

この章では、メディアクエリを中心に、スマートフォンなどのパソコン以外のデバイスでの Web ページに利用について学びました。

- 以下の記述により、画面のサイズに応じた CSS の制御が可能となります。

  ```
  @media only screen and (max-width:1000px) { ... }
  ```

  ここでは、ウィンドウの幅が最大 1000px までの場合の指定を行います。

- スマートフォンやタブレットの場合、画素（ピクセル）値の指定が異なります。そのデバイスに最適化したサイズで表示するために以下を <head> 内に指定します。

  ```
  <meta name="viewport" content="width=device-width, initial-scale=1">
  ```

JavaScriptの基本

はじめに

ここまでは、HTMLで文章を構造化し、CSSで視覚表現を詳しく設定することで、Webページを作成してきました。これは一方的に情報を発信するだけのWebページでしたが、ユーザの操作によって画面が変わる動的なWebページや、Webアプリケーションを作成するためには、プログラムで制御する方法が必要となります。

ここでは、Webブラウザ上で稼働するJavaScriptの基本的なプログラミング方法を学びます。変数宣言や代入、if文による条件分岐、関数定義と利用、文字列処理などを学びます。HTMLとCSSで作成したWebページよりも複雑なことができるようになるための第一歩です。

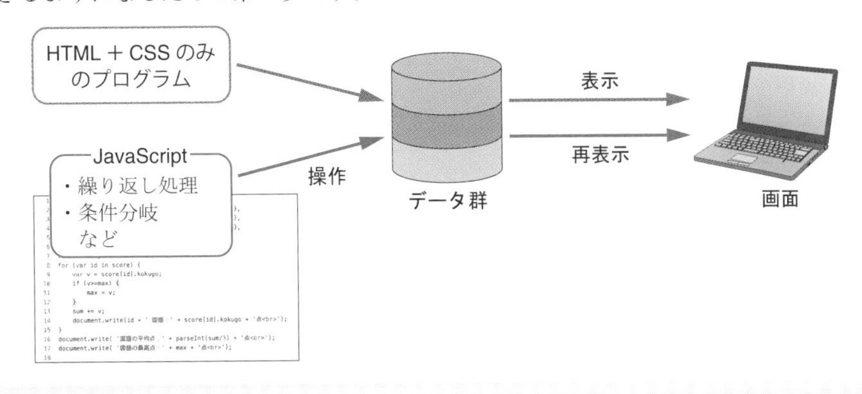

4 1 JavaScriptの実行

HTMLやCSSでは固定のページを作ることはできますが、ユーザの入力や条件に応じて変化するページを作成することはできません。JavaScriptを使うことで、条件に応じて変化するページを作成することができるようになります。

JavaScriptは、アプリケーションソフトウェアを作成するための簡易的なスクリプト言語です。C言語やJavaなどのコンパイル方式の言語とは異なり、多くのスクリプト言語と同様にインタープリタ方式を採用しており、変数を動的に型付けするなど柔軟なプログラミングが可能です。

JavaScriptは、Webブラウザ上で動作させることを目的にMozillaが仕様を策定して実装したものですが、現在では、ECMA International（情報通信分野における国際的な標準化団体）によりECMAScriptとして標準化されたものとなっています。

JavaScriptをWebブラウザで実行する方法として、3種類を紹介します。

(1) body 内にプログラムを直接定義

HTML において <script> の中に JavaScript のプログラムを記述します。

4-1.html 内の document.write は、Web ブラウザに文字列を出力する関数です。4-1.html のブラウザでの表示は図 4.1 のようになります。

HTML 4-1.html

```
1  <!DOCTYPE html>
2  <html>
3      <head>
4          <meta charset="utf-8">
5          <title>Web D&P 4-1</title>
6      </head>
7      <body>
8          お元気ですか？<br>
9          <script>
10             document.write("元気です。");
11         </script>
12     </body>
13 </html>
```

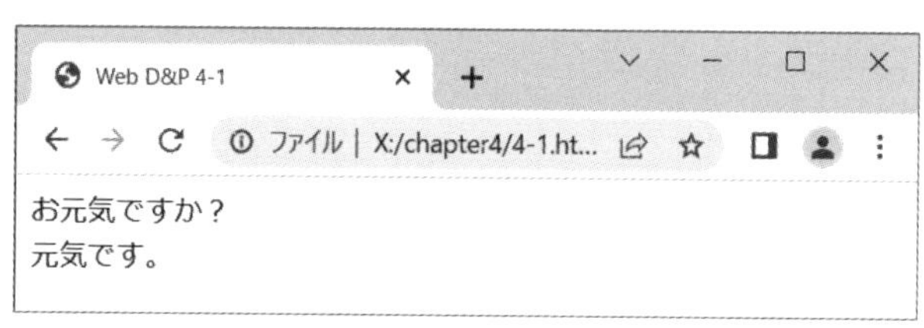

図4.1 HTML 内に直接記述

以前のバージョン（HTML4 以前）では、script の後に、language="JavaScript x.x" や type="text/javascript" のような指定が必要でしたが、HTML5 以降では不要となりました。また、スクリプトに対応していないバージョンのブラウザを考慮して、スクリプト全体を <!--　--> で囲う必要がありましたが、現在、JavaScript が使えないブラウザは皆無なので、指定は不要です。

(2) head 内で関数を定義して、関数を呼び出す

HTML において、head 部に function 関数名 () {　...　} の形式で関数を定義して、body の中でその関数を呼び出すことで、実行します。4-2.html の例ではメッセージを表示しています。ブラウザでの表示は図 4.2 のようになります。

HTML 4-2.html

```
1  <!DOCTYPE html>
2  <html>
3      <head>
4          <meta charset="utf-8">
5          <title>Web D&P 4-2</title>
6          <script>
7              function genkidesuka() {
```

```
8                 document.write('とても元気です。');
9             }
10        </script>
11    </head>
12    <body>
13        お元気ですか？<br>
14        <script>
15            genkidesuka();
16        </script>
17    </body>
18 </html>
```

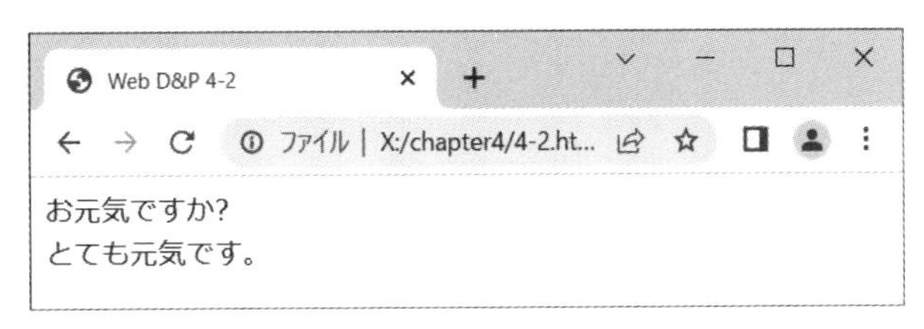

図4.2 head 内に関数を定義

(3) JavaScript ファイルを定義し、ファイルの中にある関数を呼び出す

HTML の head 部では <script src=" ファイル名 "></script> のように記述し、別ファイルとして JavaScript のファイルを定義し、別ファイルの中にある関数を body 内で呼び出します。src とは、Chapter 1 の画像の貼り付けについての説明でも登場しましたが、source の略でファイルの出所を示す意味があります。JavaScript のファイルの拡張子は .js となります。ここでは、4-3.html に対して 4-3.js という別ファイルを作成し、その中に関数を定義しています。ブラウザでの表示は図 4.3 のようになります。

HTML 4-3.html

```
1  <!DOCTYPE html>
2  <html>
3      <head>
4          <meta charset="utf-8">
5          <title>Web D&P 4-3</title>
6          <script src="4-3.js"></script>
7      </head>
8      <body>
9          お元気ですか？<br>
10         <script>
11             genkidesuka();
12         </script>
13     </body>
14 </html>
```

JS 4-3.js

```
1  function genkidesuka() {
2      document.write('とっても元気です。');
3  }
```

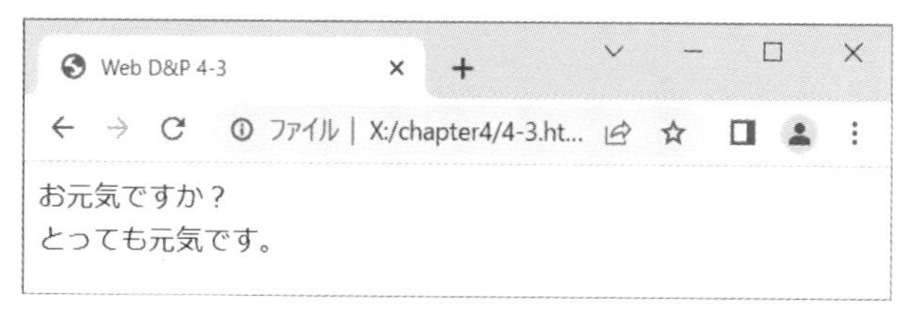

図4.3 JavaScript のファイルで関数を定義

4 2 変数宣言と代入

JavaScript における変数名の命名ルールは、以下のようになっています。

- 変数名には、Unicode 文字、_（アンダースコア）、$（ドル記号）が使用できる。（Unicode 文字に多くの漢字が含まれるが、使えない漢字もある。通常、半角英数字を使用する。）
- 数字で始まる変数名は使用できない。
- `if` や `while` などの予約語を使用することができない。
- 大文字と小文字は区別される。

変数名はなるべく中身を表すものとし、小文字から始めるのが一般的です。単語を並べた用語のときには、単語の区切りに大文字を使う**キャメルケース**とよばれる書き方をします。例えば、screen width をキャメルケースで書くと、screenWidth となります。定数などの特殊な変数のときには、**コンスタントケース**とよばれる SCREEN_WIDTH のような表現を利用します。Pascal 言語で使われるパスカルケース（ScreenWidth のように最初の 1 文字を大文字にする）やスネークケース（screen_width のようにすべて小文字で、アンダースコアでつなげる）はあまり使用しません。変数の宣言には、`var` を使います。実用的には `let` や `const` を使ってより厳密に指定することが推奨されていますが、Chapter 9 までは `var` のみで学んでいきます。

変数の型には、数値型、文字列型、ブーリアン型、オブジェクト型の 4 種類があります。表 4.1 にそれぞれの特徴をまとめます。

表4.1 変数の型

変数型名	特徴
数値型（number 型）	10 進数 /8 進数 /16 進数の表記が可能。 10 進数の 60 をそれぞれで表現すると、以下にようになる。 60：10 進数　074：8 進数　0x3c：16 進数 60.0：小数表示　6.0E+1：指数表示
文字列型（string 型）	文字列を '（シングルクォーテーション）か "（ダブルクォーテーション）で囲む。 HTML は " を使うことが多く、その中で使われることが多い JavaScript は、" と ' を入れ子で使うことができるため ' を使うほうが多い。 ' と " のどちらを使ってもよいが、一つのプログラムの中では統一したほうがよい。
ブーリアン型（boolean 型）	true（真）もしくは false（偽）のいずれか。
オブジェクト型（object 型）	日付オブジェクトやボタンオブジェクトなどのさまざまなオブジェクトがある。

以下は変数の定義と代入の例です。

```
var count;                // 変数の定義（値は未定義）
var a = 10;               // 整数を代入
var b = a;                // 変数の値を代入
var value = 12.34;        // 実数を代入
var name = '山田太郎';     // 文字列を代入
var flag = true;          // ブーリアン値を代入
```

= の左側には変数名を書き、右側に代入したい値を書きます。a = 10; とすれば、変数 a に値 10 が代入されます。右側を値ではなく、変数を指定すると、その変数がもっている値を代入することができます。小数点付きの実数や '（シングルクォーテーション）で囲った文字列、ブーリアン型の true や false を指定することができます。

また、表 4.2 に挙げたような、単項演算子や複合演算子などを利用することができます。

表4.2 演算子の種類（一部）

演算子名	例	意味
+ - * /	a+b*c/d	a＋b×c÷d。 + は足し算、- は引き算、* は掛け算、/ は割り算。
%	a%2	a を 2 で割ったときの余り。
+=	a+=2;	a = a + 2; と同じ意味。直前の行までの変数 a の値に 2 を加えた値を、新しい変数 a の値とする。
*=	a*=2;	a = a * 2; と同じ意味。
/=	a/=2;	a = a / 2; と同じ意味。
++	a++;	a = a + 1; と同じ意味。
--	a--;	a = a - 1; と同じ意味。

4-4.js のプログラムが動くと、(1) から (5) までの処理が実行され、画面上には a = 15 と表示されます。ここで、プログラムが記述されている順に上から下へと処理されること（**順次処理**）に注意してください。これ以降、JavaScript のソースコードのみを示します。実行する場合は、対応する HTML ファイルをダブルクリックし、ブラウザが起動して、結果を見ることができます。

JS 4-4.js

```
1  var a=10, b=2;          // (1) 変数 a に 2, 変数 b に 10 を代入し、変数をを宣言する
2  a = a + b;              // (2) 変数 a に、変数 a と変数 b の合計の値 12 が代入される
3  a += 2;                 // (3) 複合演算子 += により変数 a の値に 2 を加える
4  a ++;                   // (4) 複合演算子 ++ により変数 a の値に 1 を加える
5  var s = 'a = ' + a;     // (5) 文字列型と数値型を + でつなげると、全体が文字列型となる
6  document.write(s);
```

▼ 出力結果 ▼

```
a = 15
```

4-3 条件分岐

JavaScriptは、他のプログラミング言語と同様に、if文により処理を分岐することができます（**分岐処理**）。

if文の記述方法はC言語などと同じで、ifの後に括弧（ ）を付けて、その中に条件を記述します。その後に条件がtrue（真）のときに行う処理を｛ ｝内に記述します。条件がfalse（偽）のときの処理を記述する場合は、elseを使います。

```
if (条件式) {
    真のときの処理
}
else {
    偽のときの処理;
}
```

条件式で、「左辺と右辺が等しい」を表すときは「==」を使います。「=」一つでは「等しい」の評価にはならず、代入になってしまうので注意してください。「等しくない」の評価には「!=」を用います。条件式でよく使う**比較演算子**と**論理演算子**を表4.3と表4.4にまとめます。

表4.3 比較演算子

演算子	例	意味
==	a==b	aとbが等しい。
!=	a!=b	aとbが等しくない。
<	a<b	aがbより小さい。
>	a>b	aがbより大きい。
<=	a<=b	aがb以下。
>=	a>=b	aがb以上。

表4.4 論理演算子

演算子	例	意味
&&	式1&&式2	式1と式2の両方がtrue（真）のときtrue（真）、それ以外のときはfalse（偽）。
||	式1||式2	式1と式2のいずれかがtrue（真）のときtrue（真）、それ以外のときはfalse（偽）。
!	!式	式がtrue（真）のときfalse（偽）、false（偽）のときtrue（真）。

4-5.jsでは、変数aと変数bの値が等しいかどうかを判定します。ここでは値が異なるため、else{ }の部分を処理することになり、「aとbは等しくない」と表示されます。

JS 4-5.js

```
1  var a = 100;
2  var b = 200;
3  document.write('a=100 b=200<br>');
4  if (a==b) {
5      document.write('a と b は等しい');
6  }
7  else {
8      document.write('a と b は等しくない');
9  }
```

▼出力結果▼

```
a=100 b=200
a と b は等しくない
```

次の 4-6.js では、条件式が「!=」となっているため、等しくないかどうかを判定します。その結果、if 文の処理が実行され、「a と b は等しくない」と表示されます。

JS 4-6.js

```
1  var a = 100;
2  var b = 200;
3  document.write('a=100 b=200<br>');
4  if (a!=b) {
5      document.write('a と b は等しくない');
6  }
```

▼出力結果▼

```
a=100 b=200
a と b は等しくない
```

ブーリアン型は、if 文の条件式の型と考えることもできます。次の 4-7.js では条件式を変数 flag に代入し、その変数 flag を評価します。flag は false（偽）であるため、文字列「a は 500 以下」を出力します。

JS 4-7.js

```
1  var a = 100;
2  var flag = a > 500;
3  if (flag) {
4      document.write('a は 500 より大きい');
5  }
6  else {
7      document.write('a は 500 以下');
8  }
```

▼出力結果▼

```
a は 500 以下
```

複数の条件を「かつ」でつなげるときは && （アンパサンドを 2 個並べる）を、「または」でつなげるときは || （バーティカルバー：キーボードの＜ Shift + ¥ ＞キーを 2 個並べる）を使います。以下の 4-8.js は「かつ」と「または」を条件に入れた例です。

JS 4-8.js

```
1  var a = 100;
2  var b = 200;
3  var x = 5;
4
5  if ( a>=100 && b<=100 ) {
6      x += 10;
7  }
8
9  if ( a>=100 || b<=100 ) {
10     x += 100;
11 }
12 document.write( 'x = ' + x );
```

▼ 出力結果 ▼

```
x = 105
```

この例では、a>=100 && b<=100という条件を評価する場合、a>=100は真(true)で、b<=100は偽(false)となり、この二つを&&(かつ)で評価することになるので、偽(false)になります。そのため、x+=10; の行は実行されません。

次のa>=100 || b<=100を評価する場合は、||(または)で評価することになるので、真(true)になります。そのため、x += 100; が実行され、5だったxに100が足され、xの値は105となります。よって、x = 105と出力されます。

条件分岐はプログラミングの基本です。if (条件式) の「条件式」には、== や !=、>、< などの単純な条件以外に、&& や || などの論理演算子を使い、複雑な条件を定義することができます。また、条件式自体を変数として扱い、一旦変数に代入して、それを評価することもできます。

4-4 繰り返し処理

繰り返して処理を行うには、C言語などと同様に、forループやwhileループを使います（**繰り返し処理**）。**forループ**では、初期値の設定を行う「初期化式」、繰り返し処理を実行するかどうかの「継続条件式」、繰り返しの度に実行される「変化式」をコンパクトに配置することができます。

```
for( 初期化式 ; 継続条件式 ; 変化式 ) {
    継続条件式が true のときに行う処理
}
```

4-9.jsでは、はじめは変数aには3が代入されており、forループにより、最初0だったiに1ずつ加えながらi<3という条件を満たす間、繰り返し処理を行います。その結果、aの値は、i=0のときは変わらず、i=1では4になり、i=2では6になります。i<3という条件なので、そこでループを終了して、そのときのaの値の6を表示しています。

JS 4-9.js

```
1 var a = 3;
2 for (var i=0; i<3; i++) {
3     a = a + i;
4 }
5 document.write('a = ' + a);
```

▼出力結果▼

```
a=6
```

while ループでは、繰り返しの条件式が true の間だけ、while ループの中の処理が実行されます。変数をカウンターとして利用する場合は、while ループの最後にカウンターの値を 1 増やす処理が必要となります。

```
while( 継続条件式 ) {
    継続条件式が true のときに行う処理
}
```

4-10.js では、変数 i が 0 から 1 ずつ増えながら i<5 の条件を満たす間ループします。

JS 4-10.js

```
1 var i=0;
2 while(i<5) {
3     document.write( i + ' ');
4     i++;
5 }
```

▼出力結果▼

```
0 1 2 3 4
```

4.5 関数

ユーザ定義関数は以下のような形式となります。関数の定義は

```
function f1() {
    … ;
}

function f2(a, b) {
    var c;
    …;
    return c;
}
```

のように行い、関数の呼び出しは

```
var x = 100;
var y;
f1();
y = f2(x, 200);
```

のように行います。

functionという予約語を使って関数を定義します。上記では、引数のない関数f1と引数が二つあるf2を示しています。f2は戻り値のある例となっています。呼び出し側は関数名の後に( )を付け、引数がない場合は( )のみ、引数がある場合は( )の中に変数か値をカンマで区切って記入します。

4-11.jsでは、変数aおよびbはグローバル変数として扱われるため、随時値が変化していきます。(1) から (6) の処理を実行し、410が出力されます。

JS 4-11.js

```
1  var a = 7;                    // (1) aに7を代入
2  var b;                        // (2) bに値は入っていない
3  sample1();                    // (3) この行が実行されるとaは100となる
4  sample2(200);                 // (4) この行が実行されるとaは200となる
5  sample3(a, 10);               // (5) 200と10を引数で渡す
6                                //     この段階がa=200、bは210となる
7  b = sample4(a, b);            // (6) 200と210が引数として渡され
8                                //     最終的に、bは410となる
9  document.write(b);
10
11 function sample1() {
12     a = 100;
13 }
14
15 function sample2(x) {
16     a = x;
17 }
18
19 function sample3(x, y) {
20     b = x + y;
21 }
22
23 function sample4(arg1, arg2) {
24     var c = arg1 + arg2;
25     return c;
26 }
```

▼ 出力結果 ▼

```
410
```

次に、変数の**スコープ**（有効範囲）について説明します。変数はvarによって宣言されると使えるようになりますが、関数の内部でvar宣言された変数は、その関数の中だけで利用可能です。いい換えれば、関数の呼び出し側には影響を受けない形で処理内容を定義することができます。以下の二つのプログラム（4-12.jsと4-13.js）を比べてみると、違いは関数sample1の最初の行にvarがついているかどうかだけです（(A)と(B)）。varがある4-12.jsでは、変数cは関数内部のローカル変数として動き、呼び出し側には影響を受けないため、「15 100」と表示されます。しかし、varがない4-13.jsでは、グローバル変数として処理されるため、変数cに15が代入されてしまい、出力結果は「15 15」となります。

JS 4-12.js

```
1  var c = 100;
2  var b = sample1(3, 5);
3  document.write(b + ' ' + c);
4
5  function sample1(arg1, arg2) {
6      var c = arg1 * arg2;             ・・・(A)
7      return c;
8  }
```

▼ 出力結果 ▼

```
15 100
```

JS 4-13.js

```
1  var c = 100;
2  var b = sample1(3, 5);
3  document.write(b + ' ' + c);
4
5  function sample1(arg1, arg2) {
6      c = arg1 * arg2;                 ・・・(B)
7      return c;
8  }
```

▼ 出力結果 ▼

```
15 15
```

関数を定義するときは、その内部で使用する変数はvarで宣言をして、ローカル変数として処理するようにしたほうがよいです。できる限りグローバル変数を使わないで処理を実現しましょう。大量のデータを処理する場合は、名前空間（namespace）の考え方を取り入れたプログラミング手法があります（本書では説明を割愛します）。

関数の外側で定義したグローバル変数をそのまま関数内で使用するのではなく、関数の中で使用する変数は、関数内でvar宣言を行い、ローカル変数として処理することで、他の処理に影響を受けないプログラムを作成することができます。

4.6 文字列

JavaScriptでは、文字を扱う処理が充実しており、自由度の高い文字列操作を行うことができます。文字列型の変数は、初期値を代入する際に、"（ダブルクォーテーション）で囲うか、'（シングルクォーテーション）で囲うことで文字列と認識されます。どちらで囲っても文字列としては違いがありませんが、"（ダブルクォーテーションの文字）を出力したいときはシングルクォーテーションで囲み、'（シングルクォーテーションの文字）を出力したいときはダブルクォーテーションで囲みます。本書では、多くのサンプルで'（シングルクォーテーション）を使用しています。

4-14.jsは文字列を扱った例です。シングルクォーテーションかダブルクォーテーションか、間に何が囲まれているかに注意して、出力結果を読み解いてみてください。

JS 4-14.js

```
1 var a = "ABCDE";
2 var b = 'XYZ';
3 var c = 'A"B"C';
4 var d = "A'B'C";
5 document.write(a + ' ' + b + ' ' + c + ' ' + d);
```

▼ 出力結果 ▼

```
ABCDE XYZ A"B"C A'B'C
```

文字列は＋演算子で**連結**することができます。その際、文字列ではない数値が混じっている場合は、代入先の変数には文字列として代入されます。4-15.js はその一例です。

JS 4-15.js

```
1 var a = 'ABCDE';
2 var b = 200;
3 var c = a + b;
4 document.write('c = ' + c);
```

▼ 出力結果 ▼

```
C = ABCDE200
```

変数に．（ドット）を続けて記述することでプロパティ値を取得することができます。文字列には length プロパティがあり、length プロパティを参照することで文字列の長さを取得することができます。半角でも全角でも 1 文字は長さ 1 として数えます。4-16.js では、「hello」も「こんにちは」も 5 文字と数えられたことがわかります。

JS 4-16.js

```
1 var s1 = 'hello';
2 var s2 = 'こんにちは';
3 var len1 = s1.length;
4 var len2 = s2.length;
5 document.write('len1=' + len1 + ' len2=' + len2);
```

▼ 出力結果 ▼

```
len1=5 len2=5
```

文字列には、便利なメソッドが用意されています。**メソッド**とは、オブジェクトに対して処理を行うときに使うもので、変数に．（ドット）を付けてメソッド名と引数を渡します。関数と類似していますが、オブジェクト指向の考え方に基づいており、メソッドとよびます。メソッドの具体例を 4-17.js で見ていきましょう。

文字列の検索（indexOf）では、引数の文字列が何番目にあるかを得ることができます。「Hello World」の文字列の中で、Wo という文字列は 0 から始まる数値として数えたときに 6 番目から始まります。よって、str.indexOf('Wo') は 6 となります。

文字列の切り出し（substr）では、開始位置（0 から始まる数値）と切り出す長さを引数に指定して、部分切り出しの文字列を得ることができます。この例では開始位置 3 から 2 文字なので lo となります。

文字列の置換（replace）では、第 1 引数で指定した文字を第 2 引数の文字に置換します。通常の ' で囲った文字列の場合は、一度のみの置換ですが、/ 文字列 /g のように指定をすると、同じ文字列が登場するたびに置換を繰り返します。

JS 4-17.js

```
1  var str = 'Hello World';
2  var a = str.indexOf('Wo');
3  var b = str.substr(3, 2);
4  var c = str.replace('World', 'Japan');
5  var d = str.replace(/o/g, '@');
6  document.write('a=' + a + ', b=' + b + ', c=' + c + ', d=' + d );
```

▼ 出力結果 ▼

```
a=6, b=lo, c=Hello Japan, d=Hell@ W@rld
```

下の 4-18.js の例では、大文字・小文字の変換、数値を文字列に変換、文字列を数値に変換する方法を紹介します。

toUpperCase メソッドは文字列を大文字に、toLowerCase メソッドは文字列を小文字に変換します。

数値を文字列に変換する場合は、toString メソッドを使います。この例では、'' + num のように、何もない文字列に＋演算子で数値を加えても同じ結果になります。

逆に文字列を数値に変換する場合は、整数の場合は関数 parseInt、実数の場合は関数 parseFloat を用います。

JS 4-18.js

```
1  var str = 'Hello World';
2  var a = str.toUpperCase();
3  var b = str.toLowerCase();
4  var num = 15;
5  var c = num.toString();        // c = '' + num; と同じ
6  var str = '16.8';
7  var d = parseInt(str);
8  var e = parseFloat(str);
9  document.write('a='+a+', b='+b+', c='+c+', d='+d+', e='+e);
```

▼ 出力結果 ▼

```
a=HELLO WORLD, b=hello world, c=15, d=16, e=16.8
```

4 7 日付オブジェクト

日付に関する処理を行う場合、日付オブジェクトを利用します。

new を使って、Date という日付オブジェクトを生成します。引数なしで呼び出すと、現在の日付・時刻の日付オブジェクトを生成することができます。

```
var now = new Date();                              // 現在の時刻
```

引数に年、月、日などの引数を指定すると、指定した日のオブジェクトを生成します。月は0から始まる整数で、1月が0です。日付だけを指定する場合は、年、月、日までを指定します。時刻には0:0:0がセットされます。時刻も指定する場合は、時、分、秒までを順にセットします。また、日時の文字列を引数として渡すことでも、日付オブジェクトを生成することができます。

```
var day1 = new Date( 2021, 6, 23 );                // 2021/7/23 0:0:0
var day2 = new Date( 2021,6, 23, 20, 0, 0 );       // 2021/7/23 20:0:0
var day3 = new Date( '2021/7/23 20:0:0' );         // 2021/7/23 20:0:0
```

日付オブジェクトには、年、月、日、曜日を取得するメソッドが用意されています。

```
var now = new Date(2021, 6 ,23);                   // 2021/7/23 0:0:0
var year = now.getFullYear();                      // 2021
var month = now.getMonth();                        // 6（月の数値 - 1）
var date = now.getDate();                          // 23
var day = now.getDay();                            // 5（金曜日）
```

4-19.jsは日付オブジェクトを多用した例です。

JS 4-19.js

```
1  var day1 = new Date(2021, 6, 23, 20, 0, 0);
2  // 東京オリンピックの開会式の開始時刻
3
4  var year = day1.getFullYear();      // 4桁の西暦年
5  var month = day1.getMonth();        // 月の番号（1月が0、2月が1、・・・12月が11）
6  var date = day1.getDate();
7  var day = day1.getDay();            // 曜日の番号（日曜が0、月曜が1、・・・土曜が6）
8  var hour = day1.getHours();         // 時（0～23）
9  var minute = day1.getMinutes();     // 分（0～59）
10 var second = day1.getSeconds();     // 秒（0～59）
11
12 var week = ['日','月','火','水','木','金','土'];
13
14 document.write('東京オリンピックの開会式の開始時刻<br>');
15 document.write(year + '/' );
16 document.write((month+1) + '/' );
17 document.write(date + ' ' );
18 document.write('(' + week[day] + ') ' );
19 document.write(hour + ':' );
20 document.write(minute + ':' );
21 document.write(second );
```

▼出力結果▼

```
東京オリンピックの開会式の開始時刻
2021/7/23（金）20:0:0
```

例題4-1

以下のプログラムの実行結果を求め、出力結果の空欄を埋めてください。

JS 4-20.js

```
1  var a, b;
2  a = 3;
3  b = f1(a, 30);
4  b += 5;
5  document.write('b=' + b);
6
7  function f1( x, y) {
8      var p = 10 + x + y;
9      return p;
10 }
```

▼出力結果▼

```
b = ____________________
```

解説 a に 3 が代入され、関数 f1 が呼び出されます。関数 f1 は二つの引数の合計に 10 を足したものなので、b には 43 が代入されます。b += 5; により、43 に 5 が加えられ、b の値は 48 となります。よって、空欄には 48 が入ります。

例題4-2

以下のプログラムの実行結果を求め、出力結果の空欄を埋めてください。

JS 4-21.js

```
1  var name = 'Suzuki Ichiro';
2  var s1 = name.toUpperCase()
3  document.write('s1=' + s1 + '<br>');
4
5  var s2 = name.replace('Ichi', 'Sabu');
6  document.write('s2=' + s2 + '<br>');
```

▼出力結果▼

```
s1 = ____________________
s2 = ____________________
```

解説 変数 s1 には、Suzuki Ichiro という文字の toUpperCase（大文字）にしたものが代入されます。よって、s1（一つ目の空欄）は SUZUKI ICHIRO となります。

変数 s2 には、Suzuki Ichiro の Ichi を Sabu に置換したものが代入されます。よって、s2（二つ目の空欄）は Suzuki Saburo となります。

例題4-3

以下の出力結果が得られるように、プログラムの空欄を埋めてください。

JS 4-22.js

```
1 for(var n=0; n<5; n++) {
2     document.write(n);
3     if (            ) {                // a%b：aをbで割ったときの余り
4         document.write(': 偶数<br>');
5     }
6     else {
7         document.write(': 奇数<br>');
8     }
9 }
```

▼出力結果▼

```
0: 偶数
1: 奇数
2: 偶数
3: 奇数
4: 偶数
```

解説 コメントにもあるように、演算子%は余りを求めるものです。この場合は、nを2で割ったときの余りを求め、それが0と等しいときが偶数ということがいえます。そうでないとき（else）は奇数となります。よって、if文の（ ）の中には、n % 2 == 0が入ります。

例題4-4

以下の出力結果が得られるように、プログラムの空欄を埋めてください。

JS 4-23.js

```
1  for(var j=0; j<5; j++) {
2      for(var i=0; i<4; i++) {
3          if (                        ) {
4              document.write('●');
5          }
6          else {
7              document.write('○');
8          }
9      }
10     document.write('<br>');          // ここで改行のみ実行
11 }
```

▼出力結果▼

```
○●○○
○●○○
●●●●
○●○○
○●○○
```

解説 黒丸（●）は、iが1のとき、および、jが2のときです。この二つの条件のいずれかが真の場合、黒色（●）で表示します。二つの条件を「または（||）」で結んで、if文の条件式を作成します。よって、i==1 || j==2が入ります。

例題4-5

図 4.4 のような 2022 年 6 月のカレンダーを表示するプログラムを作成します。

calendar.js の下線部分を埋めてください。ここでは、getDay() メソッドを使い、6 月 1 日の曜日の番号をカウンター i から引くことで、月のスタート位置を決定します。

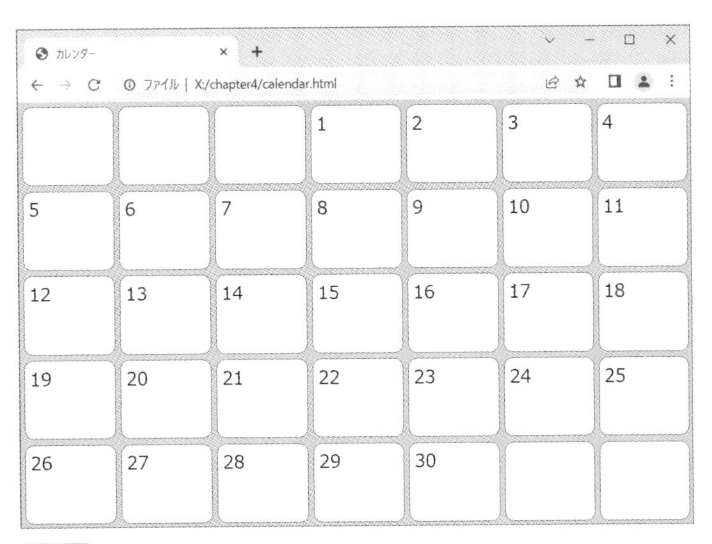

図4.4 2022 年 6 月のカレンダー

HTML chapter4/calendar.html

```
1  <!DOCTYPE html>
2  <html>
3      <head>
4          <meta charset="utf-8">
5          <title> カレンダー </title>
6          <link rel="stylesheet" href="calendar.css">
7          <script src="calendar.js"></script>
8      </head>
9      <body>
10         <div class="calendar">
11             <script>
12                 drawCalendar(); ・・・ (A)
13             </script>
14         </div>
15     </body>
16 </html>
```

CSS chapter4/calendar.css

```
1  * {
2      margin: 0;
3      padding: 0;
4      box-sizing: border-box;
5  }
6  
7  body {
8      background-color: #f0f0f0;
9  }
10 
```

```
11  .calendar {
12      width: 100vw;
13      height: 100vh;
14      padding: 2px;
15  }
16
17  .day {                          ・・・(B)
18      font-size: 20px;
19      width: calc(100% / 7 - 4px);
20      height: calc(100% / 5 - 4px);
21      background-color: white;
22      border: 1px solid #e0e0e0;
23      border-radius: 10px;
24      padding: 10px;
25      margin: 2px;
26      float: left;
27  }
```

JS chapter4/calendar.js

```
1   function ①__________() {
2       var firstDay = new Date(2022, 5, 1);
3       for(var i=1; i<=35; ②____) {
4           var d = i - firstDay.③__________;
5           if (④_____ <1 || ⑤_____ >30) {
6               d = '';
7           }
8           document.write('<div class="⑥______">' + d + '</div>');
9       }
10  }
```

解説 calendar.html の (A) の部分に、drawCalendar(); の記述があります。これにより、カレンダーを描画していることがわかります。よって、①では、関数として drawCalendar を定義することになります。

②は、for ループの中の記述ですが、i を 1 から 35 まで 1 ずつ増やしながらループさせる必要があるため、i++ をセットします。

③は、firstDay という変数に続くメソッドを定義します。firstDay という変数は、その名称からわかるように、月の最初の日です。日付オブジェクトの生成処理において、2022, 5, 1 が指定されていますが、これは 2022 年 6 月 1 日を意味します。月は 0 から始まる数値で指定するため、月の値から 1 引いた値をセットする必要があります。6 月 1 日の日付オブジェクトに対して、getDay() メソッドを実行すると、日曜日を 0、月曜日を 1 というふうに曜日の番号を取得することができます。変数 d は、i からその曜日番号を引いて求めています。6 月 1 日は水曜日なので、firstDay.getDay() の結果は 3 になります。日曜から順に配置すると、例えば最初の行の 1 週間分の d の値は −2、−1、0、1、2、3、4 となります。

次の if 文により if(d<1 || d>30) {d = ''; } とすることで、1 未満または 30 を超える場合は、d の値を何もない文字（''）として、表示させないようにしています。

よって、② i++、③ getDay()、④ d、⑤ d となります。

最後の⑥は、CSS ファイルの (B) 部分の定義により、day を指定します。

＜答え＞ ① drawCalendar　② i++　③ getDay()　④ d　⑤ d　⑥ day

練習4

JavaScript プログラムおよび出力結果が対応するように、空欄を埋めてください。

JS ex4-1.js

```
1  var data = 'living-room';
2  document.write( data.①________ + '<br>');        // 文字列の長さを求める
3  document.write( data.replace('living', 'bed') + '<br>' );
4  document.write( '1' + (1 + parseInt('1')) + '<br>' );
```

▼出力結果▼

```
11
②________
③________
```

JS ex4-2.js

```
1  var a = 100, b = 10, c = 20;
2  a ++;
3  a += b;
4  if (a>110) {
5      c+=10;
6  }
7  document.write( 'c = ' + c );
```

▼出力結果▼

```
c = ④________
```

JS ex4-3.js

```
1  var abc = 10;
2  for( var n=0; n<⑤________ ;⑥________ ) {
3      document.write( 'n = ' + n + '<br>');
4      abc++;
5  }
6  document.write( 'abc = ' + abc );
```

▼出力結果▼

```
n = 0
n = 1
n = 2
n = 3
n = 4
abc = ⑦________
```

JS ex4-4.js

```
1  var p = 100 , q = 200;
2  var r = ⑧________ (100, p, q);        // 関数 test1 を呼び出す
3  document.write( r );
4
5  function test1(x, y, z) {
6      var a = 10;
7      a = a + x + y + z;
8      ⑨________ a;
9  }
```

4 JavaScript の基本

▼ 出力結果 ▼

⑩______

まとめ

この章では、JavaScript の基本的な記述方法を学びました。

・ HTML では、JavaScript のプログラムファイルを以下のように設定します。

```
<script src="JavaScript ファイル名.js"></script>
```

・ 変数の宣言　・・・　var 変数名 = 値 ;
・ 変数の値を参照　・・・　右辺に設定した変数の値を左辺の変数に代入する
・ 条件分岐　・・・　if (条件) {　}
・ 繰り返し処理　・・・　for(初期化式 ; 継続条件式 ; 変化式) {　}
　　while(継続条件式) {　}
・ 関数　・・・　ユーザ定義関数の定義と利用方法
・ 文字列　・・・　文字列を操作するメソッド
・ 日付オブジェクト・・・　日付に関する処理

JavaScriptによるデータ操作

はじめに

Webアプリケーションの作成においては、複数のデータを管理する必要が出てくることがよくあります。

ここでは、複数のデータを管理するための手法として、JavaScriptの配列や連想配列の定義方法と、それぞれのデータへのアクセス方法を学びます。また、forループなどの繰り返し処理を学びます。これらを適切に組み合わせることにより、複雑なデータを扱うことができるようになります。

5-1 配列

複数のデータを一括で扱う際に、**配列**を利用すると、効率的に処理することができます。JavaScriptでは、Arrayという、配列を処理するためのオブジェクトが用意されています。

new Array()で配列を初期化し、[]の中に0から始まる要素番号を入れることで、配列の各要素に代入をしたり、配列の値を参照したりすることができます。数値型、文字列型など、値のデータ型が混在していても、定義することができます。

```
var 配列名 = new Array()              // 初期化
配列名[ 要素番号 ] = 値;              // 代入
var 変数 = 配列名[ 要素番号 ];        // 参照
```

5-1.jsでは、三つの要素からなる配列を定義し、出力しています。

JS 5-1.js

```
1 var ary = new Array();
2 ary[0] = 10;
3 ary[1] = 20.5;
4 ary[2] = 'ABC';
5 document.write(ary[0] + ' ' + ary[1] + ' ' + ary[2]);
```

▼出力結果▼

```
10 20.5 ABC
```

配列は、**配列リテラル**とよばれる方法で定義することもできます。配列リテラルでは、[ ]の中にカンマ区切りで値を並べることで、配列を定義します。各値は、整数、実数、文字列などが混在していても、定義することができます。

```
var 配列名 = [ 値, 値, 値 ];
```

5-2.js は、5-1.js と同じ配列を、配列リテラルで定義したものです。

JS 5-2.js

```
1 var ary = [10, 20.5, 'ABC'];
2 document.write(ary[0] + ' ' + ary[1] + ' ' + ary[2]);
```

▼出力結果▼

```
10 20.5 ABC
```

文字列から配列を生成することができます。カンマなどの区切り文字で区切られた文字列に対して split というメソッドを実行すると、分割して配列にすることができます。

```
var str = '○○○○, △△△△, □□□□';
var ary = str.split(',');
```

例えば、5-3.js のようになります。

JS 5-3.js

```
1 var str = 'Fukuoka,Saga,Nagasaki';
2 var ary = str.split(',');
3 document.write(ary[0]+' '+ary[1]+' '+ary[2]);
```

▼出力結果▼

```
Fukuoka Saga Nagasaki
```

split とは逆に、join というメソッドにより、配列の各要素を区切り文字で連結した文字列を生成することができます。

```
var ary = ['○○○○','△△△△','□□□□'];
var str = ary.join(',');
```

例えば、5-4.js のようになります。

JS 5-4.js

```
1 var ary = ['Fukuoka', 'Saga', 'Nagasaki'];
2 var str = ary.join(':');
3 document.write('str = ' + str);
```

▼出力結果▼

```
str = Fukuoka:Saga:Nagasaki
```

5 2 配列を使った繰り返し処理

繰り返し処理は、配列を扱う場合に有効です。配列の要素番号（[] 内の数値）をカウンターとして1ずつ増やしていくと、配列のデータにアクセスしやすくなります。ここでは、for ループと while ループによる繰り返し処理について説明します。

5-5.js の例では、for ループを使い、i の初期値を 0 として、i に 1 ずつ加えながら、ary.length により取得した配列の個数 3 より小さいという条件を満たす間、繰り返し処理を行います。その結果、ary[0] から ary[2] までの 3 行を出力します。

JS 5-5.js

```
1 var ary = [10, 20.5, 'ABC'];
2 for (var i=0; i<ary.length; i++) {
3     document.write('ary[' + i + ']=' + ary[i] + '<br>');
4 }
```

▼ 出力結果 ▼

```
ary[0]=10
ary[1]=20.5
ary[2]=ABC
```

while ループの場合は、以下の 5-6.js のようになります。while ループに入る前に変数を初期化し、繰り返しの条件式が true の間だけ、while ループの中の処理が実行されます。while ループの最後には、カウンターの値を 1 増やす処理（i++;）が必要となります。

JS 5-6.js

```
1 var ary = [10, 20.5, 'ABC'];
2 var i=0;
3 while(i<ary.length) {
4     document.write('ary[' + i + ']=' + ary[i] + '<br>');
5     i++;
6 }
```

▼ 出力結果 ▼

```
ary[0]=10
ary[1]=20.5
ary[2]=ABC
```

繰り返し処理には、ループの最後まで移動して繰り返しを継続する continue; と、途中で繰り返し処理から抜ける break; があります。if 文と合わせて利用すると、さまざまな制御プログラムを記述することができます。

次の **continue 文**では、条件を満たすと、処理 1 を実行せずにスキップし、その後ループの先頭まで戻り、継続条件式が true である限り繰り返しを継続します。

```
while(継続条件式) {
    if (条件) {
        continue;
    }
    処理1;
}
```

一方、次のbreak**文**では、条件を満たすと、処理1を実行せずにスキップし、さらにループから抜けて、処理2へ移ります。

```
while(継続条件式) {
    if (条件) {
        break;
    }
    処理1;
}
処理2;
```

プログラム5-7.jsでは、配列の値が負の数のときはcontinue文によりループの最後までの処理をスキップし、配列の値が0のときはbreak文によりループから抜けるように指示しています。

iの値が0から配列の個数である9未満の間、ループが回りますが、ary[i]の値が0より小さいときはcontinue文が指定され、ary[i]が0と等しいときはbreak文が指定されています。その結果、ary[i]が正の値のときは、document.write文で値が表示されますが、負の値のときは、document.write文を実行せずに最後の行まで行って、繰り返しが続きます。ary[i]が0のときはbreak文が作動するため、ループから抜けることになります。

JS 5-7.js

```
1  var ary = [5, -10, 3, 4, -7, 9, 0, 6, 8];
2  for (var i=0; i<ary.length; i++) {
3      if(ary[i]<0) {
4          continue;
5      }
6      if (ary[i]==0) {
7          break;
8      }
9      document.write(ary[i] + ' ');
10 }
```

▼出力結果▼

```
5 3 4 9
```

5 3 連想配列

値だけを順に並べる配列に対して、キーと値をセットで定義する方法を**連想配列**といいます。

配列は

```
[ 値, 値, 値, ....];
```

のように定義し、例えば

```
var ary = [ 10, 20, 30 ];
```

のように使いました。それに対して、連想配列（オブジェクト）は

```
{ キー名：値, キー名：値, キー名：値, .... }
```

のように定義し、例えば

```
var obj = { name:'太郎', age:21 };
```

のように使います。{ }の中に、キー名（プロパティ名ということもある）と値を：（コロン）でつないだものをカンマ区切りで定義します。キー名は、"name"や'name'やnameのように、"で囲うタイプ、'で囲うタイプ、直接記述するタイプのいずれの方法でも表記できます。

呼び出す際には、オブジェクト名の後に、.（ドット）を使ってキー名をつないだ表記と、[ ]の中にキー名を文字列として入れるタイプの表記が可能です。

```
オブジェクト.キー
オブジェクト['キー']
```

例えば、次のようになります。

```
obj.name = '太郎';
obj['age'] = 21;
```

次の5-8.jsの例では、objがキーnameとして太郎、キーageとして21、キーtelとして0X0-1111-2222を定義しています。その後、0、x、yというキーが追加されています。それに続く五つのdocument.write文では、それぞれの値を表示しています。その際に、.（ドット）を使うタイプと[ ]の中にキー名を文字列として定義するタイプが混在しても、出力できていることがわかります。

JS 5-8.js

```
1  var obj = {name:'太郎', age:21, tel:'0X0-1111-2222'};
2  obj[0] = 100;
3  obj['x'] = 200;
4  obj.y = 300;
5  document.write( obj.name + ' ' );
6  document.write( obj['tel'] + '<br>' );
7  document.write( obj[0] + ' ' );
8  document.write( obj.x + ' ' );
9  document.write( obj['y'] );
```

▼ 出力結果 ▼

```
太郎 0X0-1111-2222
100 200 300
```

次のように、連想配列オブジェクトを配列の要素として処理することもできます。

```
var ary = [   { キー名 : 値 , キー名 : 値 },
              { キー名 : 値 , キー名 : 値 },
              { キー名 : 値 , キー名 : 値 }   ];
```

以下の 5-9.js の例では、三つの連想配列が配列として定義されています。

JS 5-9.js

```
1  var ary= [ {name:'太郎', age:21, tel:'0X0-1111-2222'},
2             {name:'花子', age:19, tel:'0X0-3333-4444'},
3             {name:'次郎', age:18, tel:'0X0-5555-6666'} ];
4  document.write( ary[0].name+' '+ary[0].age+' '+ary[0].tel+'<br>' );
5  document.write( ary[1].name+' '+ary[1].age+' '+ary[1].tel+'<br>' );
6  document.write( ary[2].name+' '+ary[2].age+' '+ary[2].tel+'<br>' );
```

▼ 出力結果 ▼

```
太郎 21 0X0-1111-2222
花子 19 0X0-3333-4444
次郎 18 0X0-5555-6666
```

また、次のように、連想配列オブジェクトの値部分に対して、連想配列オブジェクトを入れ子状に配置することも可能です。

```
var obj = { キー名 : 値 ,
            キー名 : { キー名 : 値 , キー名 : 値 },
            キー名 : 値 };
```

以下の 5-10.js の例では、連想配列 obj は、name と age と score の三つのキーに対する値をもちますが、score は連想配列オブジェクトとして suugaku、eigo、kokugo のそれぞれのキーに対する値を保持しています。obj.score.suugaku のように、.（ドット）でつなぐことでそれぞれの値にアクセスすることができます。

JS 5-10.js

```
1  var obj = { name:'太郎',
2              age: 21,
3              score:{suugaku:80, eigo:75, kokugo:87} };
4  document.write( obj.name + ' ' + obj.age + '歳<br>' );
5  document.write( '数学:' + obj.score.suugaku + '点<br>');
6  document.write( '英語:' + obj.score.eigo + '点<br>');
7  document.write( '国語:' + obj.score.kokugo + '点<br>');
```

▼ 出力結果 ▼

```
太郎 21歳
数学:80点
英語:75点
国語:87点
```

5.4 for-of ループ、for-in ループ

JavaScript には、繰り返し処理のために、4.4 節で紹介した for ループの他に、二つの方法が用意されています。

配列の場合は **for-of ループ**を使います。for の括弧の中に、of というキーワードを使うことで、配列の値を順次取得することができます。

```
for(var 変数名 of 配列 ) {
    配列の数だけ繰り返す ;
}
```

次の 5-11.js の例では、配列の要素を一つずつ取得し、それにスペースを加えて並べて表示しています。

JS 5-11.js

```
1  var ary = [1, 3, 5, 7];
2  for(var val of ary) {
3      document.write( val + ' ' );
4  }
```

▼ 出力結果 ▼

```
1 3 5 7
```

連想配列オブジェクトに対して繰り返し処理を行うときは、**for-in ループ**を使います。for の括弧の中に、in というキーワードを使い、連想配列のキー名を順に繰り返し、取得しながらループ処理を行います。

```
for(var キー名 in 連想配列オブジェクト名 ) {
    連想配列オブジェクトのキーの数だけ繰り返す ;
}
```

値は、オブジェクト [キー名] で取得することができます。

次の 5-12.js の例では、キー名として k という名前を使い、キー名（k）と対応する連想配列の値（obj[k]）を順次出力します。

JS 5-12.js

```
1  var obj = {name:'太郎', age:21, tel:'0X0-1111-2222'};
2  for(var k in obj) {
3      document.write( k + ' ' + obj[k] + '<br>' );
4  }
```

▼ 出力結果 ▼

```
name 太郎
age 21
tel 0X0-1111-2222
```

例題5-1

以下のプログラムは、自家用車とダンプカーと消防車のおもちゃについて配列で表現したものです。実行した結果、画面上にどのような文字が出力されるかを求めて、出力結果の空欄を埋めてください。

JS 5-13.js

```
1  var ary = [ { toyType:'自家用車', price:200, color:'白色' },
2              { toyType:'ダンプカー', price:400, color:'黒色' },
3              { toyType:'消防車', price:300, color:'赤色' } ];
4
5  document.write( 'ary[1] の車種：' + ary[1].toyType);
6  document.write( '  色：' + ary[1].color + '<br>' );
7
8  var sum = 0;
9  for (var obj of ary) {
10     sum += obj.price;
11 }
12 document.write( '合計金額：' + sum + '円');
```

▼ 出力結果 ▼

```
ary[1] の車種：①＿＿＿＿＿    色：②＿＿＿＿＿
合計金額：③＿＿＿＿ 円
```

解説 5-13.js では、連想配列を要素とする配列 ary が定義されています。配列は 0 から始まる番号で管理されるので、ary[1] は 2 番目の要素ということになります。これに、.toyType と .color という属性を求めています。よって、①の ary[1].toyType は「ダンプカー」、②の ary[1].color は「黒色」になります。

合計金額については、sum という変数が最初は 0 ですが、for-of ループにより配列 ary を順にループし、obj という変数として処理されます。obj は連想配列なので、その .price 属性を取得することにより、sum を計算しています。よって、200 + 400 + 300 により③は「900」になります。

<答え> ① ダンプカー ② 黒色 ③ 900

例題5-2

A001 から A003 までの学生番号の学生の国語、数学、英語の点数を管理したものです。出力結果のとおりになるように、空欄を埋めてください。

JS 5-14.js

```
1  var score = {
2      'A001' : { kokugo: 80, suugaku: 70, eigo: 60 },
3      'A002' : { kokugo: 75, suugaku: 60, eigo: 80 },
4      'A003' : { kokugo: 90, suugaku: 70, eigo: 85 },
5  };
6
7  document.write('3 教科の合計点 <br>')
8  for(var ①＿＿＿＿ in score) {
9      var num = ②＿＿＿＿＿＿＿＿＿＿＿＿＿＿＿＿＿＿＿＿;
10     document.write( id + ':' + num + '点 <br>');
11 }
```

▼ 出力結果 ▼

```
3教科の合計点
A001:210点
A002:215点
A003:245点
```

解説 5-14.js では、連想配列を定義していますが、それぞれのキー名を学生の id として処理しています。

出力結果を見ると、A001:210点〜 A003:245点までの3行が出力されています。A001、A002、A003は id という変数で出力され、合計点である210、215、245は num という変数で出力されたものです。

for-in ループは、key に対する変数を定義します。ここでは、学生番号をキーとして、ループを回すことになるので、document.write 文の中の id から判断して、①は id という変数であることがわかります。

次に、num という変数の計算は、score という連想配列の値を取得することで、計算できます。②には score[id].kokugo ＋ score[id].suugaku ＋ score[id].eigo が入ることがわかります。

＜答え＞ ① id ② score[id].kokugo + score[id].suugaku + score[id].eigo

例題5-3

図5.1のような2022年6月のカレンダーを表示するプログラムを作成します。calendar.js の空欄部分を埋めてください。日付の下に連想配列より取得したレポート提出日を表示します。

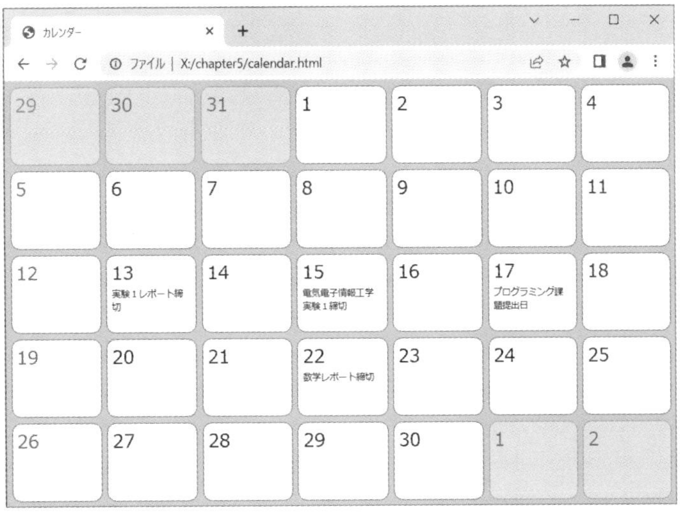

図5.1 カレンダーの画面

HTMLファイルは例題4-5とほぼ同じですが、CSSファイルが少し異なります。.calendar div のセレクタ名を .day に変更しています。また、.sunday、.saturday、.other-month、.schedule-text を追加しています（HTMLとCSSは解説の末尾に掲載）。

JS chapter5/calendar.js

```
1  var date = ①______________ ;  // 2022年6月1日の日付オブジェクトを生成
2  var year = date.getFullYear();
3  var month = date.getMonth();
4
5  var schedule = {'6/13':'実験1レポート締切', '6/17':'プログラミング課題提出日', '6/22':'数
   学レポート締切'};
6
7  function drawCalendar() {
8      var html = '';
9      var firstDay = new Date(year, month, 1);  // 1日の日付オブジェクトを生成
10     for(var i=1; i<=35; i++) {                //i-1日の曜日番号
11         var day = new Date(year, month, ②________________ );
12         var m = day.getMonth();
13         var d = day.getDate();
14         var className = 'day';
15         if (③_______) className += ' sunday'; // 日曜日はclassに' sunday'を加える
16         if (④_______) className += ' saturday';  // 土曜日は' saturday'を加える
17         if (⑤_______________) className += ' other-month';
18                                               // 当月以外のとき' other-month'を加える
19         for(var sch in schedule) {            // 連想配列をループ
20             if (sch==⑥______________) {  // キー名が日付と一致したとき
21                 d+='<div class="schedule-text">'+schedule[sch]+'</div>';
22             }                                 // レポートの文字列を追加
23         }
24         html += '<div class="' + className + '">' + d + '</div>';
25     }
26     document.write(html);
27 }
```

解説 calendar.jsの最初の4行は、グローバル変数の定義です。①では変数dateを定義しています。変数dateは2022年6月1日の日付オブジェクトを生成することになっているので、new演算子を使って、オブジェクトを生成します。よって、①にはnew Date(2022, 5, 1)が入ります。二つ目の引数には月を指定しますが、月は0から始まる数値なので、5となります。

変数yearは年、変数monthは月（0～）を保持しています。変数scheduleは、スケジュールデータのための連想配列です。

関数drawCalendarは、calendar.html内で呼び出されます。まず、new Date(year, month, 1)により、月のはじめ（1日）の日付オブジェクトを変数firstDayにセットします。forループで、iを1から始めて1ずつ大きくしながら35まで繰り返します。変数dayは、年をyear、月をmonth、日を②で指定した日付オブジェクトです。②には、iからfirstDayの曜日番号（日曜が0、月曜が1、…）を引いた値をセットします。よって、②はi - firstDay.getDay()となります（②については、例題4-5の解説を参照してください）。

③には、条件として「日曜日のとき」を指定します。日曜は、iの値が1、8、15、22、29のときなので、iを7で割ったときの余りが1のときとなり、③はi%7==1となります。④は土曜日なので、i%7==0となります。

⑤は、当月以外のときという条件を入れる必要があるので、m != monthとなります。

⑥は、日付がキー名と同じになるときにスケジュールを表示するため、(m+1) + '/' + dとなります。mは0から始まる値なので1を足します。

＜答え＞ ① new Date(2022, 5, 1)　② i - firstDay.getDay()　③ i%7 == 1
④ i%7 == 0　⑤ m != month　⑥ (m+1) + '/' + d

HTML chapter5/calendar.html

```
<!DOCTYPE html>
<html>
    <head>
        <meta charset="utf-8">
        <title>カレンダー</title>
        <link rel="stylesheet" href="calendar.css">
        <script src="calendar.js"></script>
    </head>
    <body>
        <div class="calendar">
            <script>drawCalendar();</script>
        </div>
    </body>
</html>
```

CSS chapter5/calendar.css

```
* {
    margin: 0;
    box-sizing: border-box;
}

body {
    background: lightgray;
}

.calendar {
    width: 100vw;                /* ビューポートの幅の 100% に指定 */
    height: 100vh;               /* ビューポートの高さの 100% に指定 */
    padding: 3px;
}

.day{                            /* 日付の枠部分 */
    font-size: 20px;
    width: calc(100%/7 - 6px);   /* 100%/7 から 6px を引く */
    height: calc(100%/5 - 6px);  /* 100%/5 から 6px を引く */
    background: white;
    border: 1px solid gray;      /* 枠線を指定 */
    border-radius: 10px;
    margin: 3px;                 /* 外側の余白を 3px に指定 */
    padding: 5px;                /* 内側の余白を 5px に指定 */
    float: left;                 /* 順に左側に配置していく */
}

.sunday {                        /* class="sunday" は赤色 */
    color: red;
}

.saturday {                      /* class="saturday" は青色 */
    color: blue;
}

.other-month {                   /* class="other-month" は半透明 */
    opacity: 0.4;
}

.schedule-text {                 /* class="schedule-text" は小さい文字 */
    font-size: 8px;
}
```

練習5

それぞれのプログラムと出力結果が対応するように、空欄を埋めてください。

JS ex5-1.js

```
1  var abc = [ 10, 20, 30, 40 ];
2  document.write( abc[2] + ' ');
3  document.write( abc[3] + '<br>');
```

▼ 出力結果 ▼

①＿＿＿＿

JS ex5-2.js

```
1  var test1 = {  apple:100, orange:20 };
2  document.write( ②＿＿＿＿ + '<br>');
```

▼ 出力結果 ▼

```
20
```

JS ex5-3.js

```
1  var abc = [10, 30, 50, 40, 20, 80, 60];
2  var max = -999;
3  for ( var i=0; i<abc.length; i++) {
4      if (③＿＿＿＿[i]>max) {
5          max = abc[④＿＿＿＿];
6      }
7  }
8  document.write( 'max = ' + max + '<br>' );      // 最も大きい値を表示
```

▼ 出力結果 ▼

```
max = 80
```

JS ex5-4.js

```
1  var abc = [10, 50, 70];
2  for ( var ⑤＿＿＿＿ ⑥＿＿＿＿ ⑦＿＿＿＿ ) {
3      document.write( v + '<br>' );
4  }
```

▼ 出力結果 ▼

```
10
50
70
```

JS ex5-5.js

```
1  var data = {
2      'A0001' : { kokugo:75, syakai:58, suugaku:92, rika:83, eigo:76 },
3      'A0002' : { kokugo:60, syakai:65, suugaku:80, rika:75, eigo:70 },
4      'A0003' : { kokugo:76, syakai:75, suugaku:77, rika:76, eigo:75 }
5  };
6
7  // A0003の学生の理科(rika)の点数は?
```

```
 8  document.write('A0003の学生の理科の点数：');
 9  document.write(⑧______ .rika+ '点<br>');
10
11  // A0003の学生の5教科の合計点は？
12  var total = 0;
13  for (var subject in ⑨______ ) {
14      total += data['A0003'][⑩______];
15  }
16  document.write('A0003の学生の5教科の合計点：');
17  document.write(total + '点<br>');
```

▼出力結果▼

```
A0003の学生の理科の点数：76点
A0003の学生の5教科の合計点：379点
```


まとめ

この章では、JavaScriptの配列や連想配列を使ったデータ操作について学びました。配列と連想配列の初期化、参照、代入方法を以下にまとめます。

	配列	連想配列
初期化	`var ary1 = new Array();` `var ary2 = [10, 20, 30];`	`var obj = {'id':10, 'name':'Suzuki'};`
参照	`var a = ary2[1];`	`var b = obj['id'];` `var c = obj.name;`
代入	`ary2[1] = 100;`	`ob.id = 20;` `obj['name'] = 'Yamada';`

添字を使わない2種類のforループが用意されています。

for-ofループ（配列で利用）	for-inループ（連想配列で利用）
`for(var v of ary2) {` `    document.write(v+' ');` `}`	`for(var k in obj) {` `    document.write (k+' '+obj[k]+' ');` `}`

Chapter 6 DOM、Form、jQuery

はじめに

これまで作成してきたWebページは、ユーザが一方的に情報を得るだけの固定されたものでした。

ここでは、DOMによるWebページの各要素の設定や変更、Formによるテキスト入力やラジオボタン、チェックボックスなどによる入力とその値の取得・設定について学びます。さらに、これらを簡易な方法で実装するためのjQueryライブラリについて学びます。これらを活用すれば、ユーザのアクションに応じてWebページを変化させることができます。

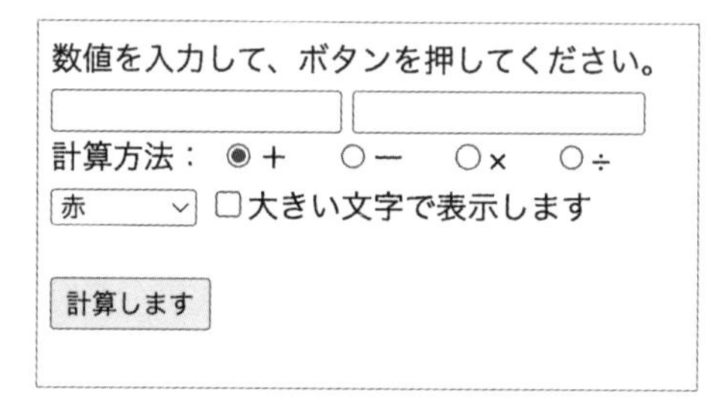

6-1 DOM

DOM（Document Object Model）とは、HTMLの各要素にアクセスする仕組みのことです。DOMを操作することにより、Webページの要素をダイレクトに操作することができます。

ここでは、ボタンを押すと画面が変化するWebページを作成します。そのためにまず、ボタンを押したときの処理を記述するonclick処理について説明します。HTMLファイルにおいては

```
<div onclick="func()">ここをクリック</div>
```

のように定義し、JavaScriptファイルにおいては

```
function func() {
    alert("クリックされました");
}
```

のように定義します。

6-1.htmlの例では、`<input type="button">`の中に定義されている`onclick=`により、

ボタンが押された後に行う関数名を指定します。onclick="oshite1()" により、ボタンを押すと oshite1() という関数が呼び出されます。value= では、ボタンに表示する文字列を指定します。

HTML 6-1.html

```
1  <!DOCTYPE html>
2  <html>
3      <head>
4          <meta charset="utf-8">
5          <title>Web D&P 6-1</title>
6          <script src="6-1.js"></script>
7      </head>
8      <body>
9          <input type="button" onclick="oshite1()" value="押してください">
10         <div id="color">ブルー</div>
11     </body>
12 </html>
```

JS 6-1.js

```
1  function oshite1() {
2      var f = document.getElementById("color");
3      if (f.innerHTML=='ブルー') {
4          f.innerHTML = 'ホワイト';
5      }
6      else {
7          f.innerHTML = 'ブルー';
8      }
9  }
```

6-1.js における関数 oshite1 の中では、document.getElementById により id が color のタグを検索し、「ブルー」と表示されている要素を f という変数に代入します。f.innerHTML では、div の中にセットされている文字列を知ることができ、その文字列が「ブルー」と同じ場合には「ホワイト」に、違う場合には「ブルー」にセットするようにします。これにより、図 6.1 のように、ボタンを押すたびに「ブルー」と「ホワイト」を繰り返す動きとなります。

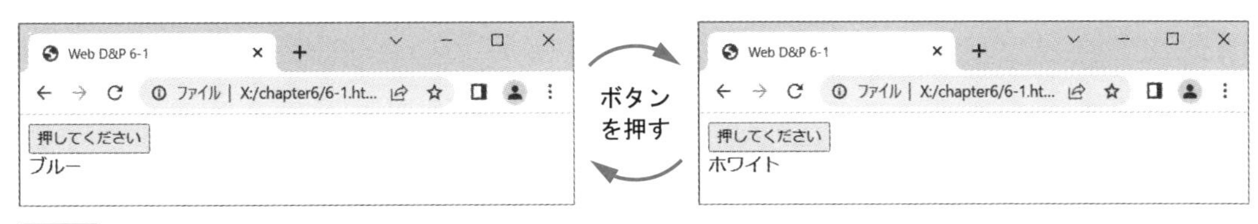

図6.1 ボタンによって HTML の内容を変更

ブラウザ上の各要素は、document というオブジェクトで管理されており、上の例のように、id 名より検索して、それぞれの要素にアクセスすることができます。

要素の内容を知る場合は、JavaScript ファイルにおいて innerHTML を使います。以下のように、elem.innerHTML によりその要素の現在の内容を参照することができ、elem.innerHTML='〇〇〇〇'; により内容を更新することができます。

```
var txt = elem.innerHTML;          // 参照
elem.innerHTML = 'ホワイト';       // 更新
```

次の例では、図6.2のように、ボタンを押したときに、ボックスのX座標を0pxから200pxに変更し、色を「ブルー」から「ホワイト」に変更します。もう一度押すと元の位置に戻り、色は「ホワイト」から「ブルー」に戻ります。

図6.2 位置と色を変更

6-2.cssでは、position:absolute;により座標を絶対座標で指定し、top（上からの距離）、left（左からの距離）、width（幅）、height（高さ）を指定します。6-2.jsでは、id=colorの要素を取得し変数fに代入し、style.backgroundColorおよびstyle.leftにより背景色と位置を変更します。CSSの属性名に-（ハイフン）がある場合は、JavaScriptでは、-（ハイフン）を除いて大文字でつなげた形とします（例えば、CSSでのbackground-colorは、JavaScriptではbackgroundColorとなります）。

HTML 6-2.html

```
1  <!DOCTYPE html>
2  <html>
3      <head>
4          <meta charset="utf-8">
5          <title>Web D&P 6-2</title>
6          <link rel="stylesheet" href="6-2.css">
7          <script src="6-2.js"></script>
8      </head>
9      <body>
10         <input type="button" onclick="oshite2()" value="押してください">
11         <div id="color">ブルー</div>
12     </body>
13 </html>
```

CSS 6-2.css

```
1  #color {
2      position: absolute;
3      top: 50px;
4      left: 0px;
5      width: 100px;
6      height: 100px;
7      background-color: #7dcdf3;
8      border: 1px solid black;
9      color:black;
10     text-align: center;
```

```
11        line-height: 100px;
12        margin: 5px;
13    }
```

JS 6-2.js

```
1  function oshite2() {
2      var f = document.getElementById('color');
3      if (f.innerHTML==' ブルー ') {
4          f.innerHTML = ' ホワイト ';
5          f.style.backgroundColor = 'white';
6          f.style.left = '200px';
7      }
8      else {
9          f.innerHTML = ' ブルー ';
10         f.style.backgroundColor = '#7dcdf3';
11         f.style.left = '0px';
12     }
13 }
```


6 2 Form とイベント処理

Web ブラウザでは、文字列の入力、チェックの指示、リストの中からのデータの選択など、さまざまなユーザによる入力操作を受け付け、それに応じた処理を実現することができます。ここでは、Form とよばれる入力フォームの種類とその制御方法を説明します。

6-3.html と 6-3.js の例では、図 6.3 のように**テキストボックス**が二つあり、枠内に文字列を入力することができます。ここでは複数行の入力はできません。入力後に「合計を計算します」というボタンをクリックすると、二つの文字列を value プロパティにより取得し、変数 a、b に代入します。そして、変数 a、b を関数 parseInt により数値に変換後、合計を計算し、結果をボタンの下に表示します。

図6.3 テキストの読み取り

HTML 6-3.html

```
1  <!DOCTYPE html>
2  <html>
3      <head>
4          <meta charset="utf-8">
```

```
5            <title>Web D&P 6-3</title>
6            <script src="6-3.js"></script>
7        </head>
8        <body>
9            数値を入力して、ボタンを押してください。<br>
10           <input type="text" id="text-a">
11           <input type="text" id="text-b"><br>
12           <input type="button" onclick="goukei()" value="合計を計算します。">
13           <div id="goukei"></div>
14       </body>
15   </html>
```

JS 6-3.js

```
1   function goukei() {
2       var a = document.getElementById('text-a').value;
3       var b = document.getElementById('text-b').value;
4       var ret = parseInt(a) + parseInt(b);
5       document.getElementById('goukei').innerHTML = ret;
6   }
```

CHECK JavaScript では、整数として演算の精度が保証されているのは、$-2^{53} \sim 2^{53}$ の範囲です。2^{53}（16 桁）を超える数値で演算を行った場合、演算結果に誤差が生じることがあります。

次の 6-4.html と 6-4.js の例では、図 6.4 のように、文字列の入力、ラジオボタン、チェックボックス、セレクトボックスが配置されています。

ラジオボタンは、オプションボタンとよばれることもあります。丸部分をクリックすると、それまで選択されていた項目は非選択状態になります。図 6.4 では、掛け算（×）にチェックが付いていますが、割り算（÷）をクリックすると、掛け算のチェックは消えて、割り算にチェックが付きます。このように、押されていたボタンが押されていない状態に戻り、必ず一つのボタンだけが押された状態になります。ラジオボタンの名称は、昔のカーラジオのボタンで選局するときの動きに由来します。

チェックボックスは、四角い箱にチェックマークを付けた状態が真（true）を示しま

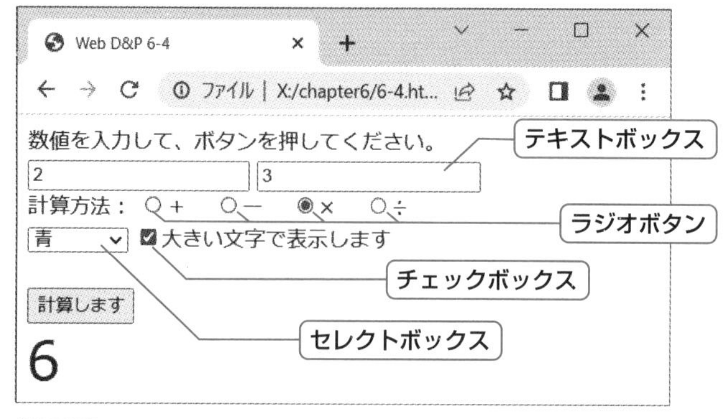

図6.4 ラジオボタン、チェックボックス、セレクトボックス

す。ラジオボタンと異なり、複数の項目を同時にチェックすることができます。

セレクトボックスは、ドロップダウンリストとよばれることもあります、select タグの中に option タグを入れて、項目を設定します。

HTML 6-4.html

```
    . . .
 8      <body>
 9          <form name='form1'>
10              数値を入力して、ボタンを押してください。<br>
11              <input type="text" name="text_a">
12              <input type="text" name="text_b"><br>
13              計算方法：
14              <input type="radio" name="keisan" value="足し算" checked> +
15              <input type="radio" name="keisan" value="引き算"> −
16              <input type="radio" name="keisan" value="掛け算""> ×
17              <input type="radio" name="keisan" value="割り算"> ÷ <br>
18              <select name="color">
19                  <option value="black">黒</option>
20                  <option value="red" selected>赤</option>
21                  <option value="blue">青</option>
22                  <option value="orange">オレンジ</option>
23              </select>
24              <input type="checkbox" name="big">大きい文字で表示します<br>
25              <br>
26              <input type="button" onclick="calc()" value="計算">
27              <div id="kekka"></div>
28          </form>
29      </body>
    . . .
```

JS 6-4.js

```
 1  function calc() {
 2      var form = document.form1;             // Form 内のオブジェクトにアクセス
 3      var a = parseInt(form.text_a.value); // text-a のような "-" は使用不可
 4      var b = parseInt(form.text_b.value);
 5      var v = form.keisan.value;
 6      var ret;
 7      switch(v) {
 8          case '足し算':
 9              ret = a + b;
10              break;
11          case '引き算':
12              ret = a - b;
13              break;
14          case '掛け算':
15              ret = a * b;
16              break;
17          case '割り算':
18              ret = a / b;
19              break;
20      }
21      var elem = document.getElementById('kekka');
22      elem.style.color = form.color.value;
23      elem.style.fontSize = '20px';
24      if (form.big.checked) {
25          elem.style.fontSize = '40px';
26      }
```

```
27        elem.innerHTML = ret;
28    }
```

HTMLファイルにおいて、<form>～</form>の中に<input>、<select>、<textarea>などのタグを入れることで、name属性により、要素へのアクセスが可能となります。例えば、HTMLファイルにおいて

```
<form name="form1">
    <input type="text" name="studentName">
</form>
```

と定義されている場合、JavaScriptファイルにおいては

```
var txt = document.form1.studentName.value;
```

のようにすると、テキストボックスの値を取得することができます。

ラジオボタンにおいて押されたボタンは、valueプロパティにより求めることができます。チェックボックスの場合は、checkedプロパティがtrueかどうかで判定します。

CHECK

Formの代表的な入力方法である、テキスト入力、テキストエリア（次ページに紹介）、ラジオボタン、チェックボックス、セレクトボックス、ボタンについては、HTMLの定義とJavaScriptによる制御がセットで行われます。処理方法をひと通り経験しておくとよいでしょう。ここでは、name属性による取得方法を説明していますが、id属性によりgetElementByIdによって値の取得や設定を行うことも可能です。

次の6-5.htmlと6-5.jsの例は、**テキストエリア**（textarea）を使い文字列を入力させ、その文字列の中にXという文字がいくつあるかを求めて表示するプログラムです。テキストエリアでは複数行にわたる文字を入力することができます。

HTML 6-5.html

```
   ...
 8      <body>
 9          <form name="form1">
10              <textarea name="txt" style="width:300px;height:100px;"></textarea>
11              <br>
12              文字の中に'X'がいくつあるかを探します。<br>
13              <input type="button" onclick="search()" value="実行"><br>
14              <div id="kekka"></div>
15          </form>
16      </body>
   ...
```

JS 6-5.js

```
1   function search() {
2       var txt = document.form1.txt.value;
3       var cnt = txt.split('X').length - 1;
4       document.getElementById('kekka').innerHTML = cnt;
5   }
```

変数 txt にテキストエリアに入力された文字列を代入し、split という、区切り文字で分割して配列にするメソッドを実行します。これにより、X という文字を区切りとして、配列ができます。abc123X000XpppXXQQQX123（図 6.5）の場合、['abc123', '000', 'ppp', '', 'QQQ', '123'] という配列になります。

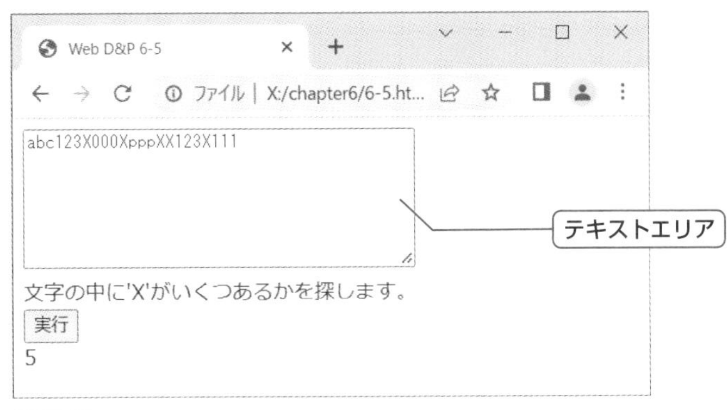

図6.5 textarea の値を取得

入力された文字の中に X という文字が何個あるかは、この配列の個数から 1 を引くことで求めることができます。この例では、配列の個数は 6 なので、1 を引いて 5 が答えとなります。区切り文字から配列を求める split と配列の個数を取得する length を続けて記述することで、cnt = txt.split('X').length - 1 により、配列の文字 'X' の数を求めています。

ここまでのプログラムでは、ボタンを押したときの処理を実行させるために、onclick を使用してきました。このようにボタンを押すなどの、ユーザが行うアクション（イベント）に応じて処理を呼び出す命令のことを**イベントハンドラ**といいます。よく使うイベントハンドラを表 6.1 にまとめます。

表6.1 主なイベントハンドラ

イベント名	イベント内容
onkeyup	押していたキーを上げたとき
onkeydown	キーを押したとき
onpress	キーを押しているとき
onchange	入力内容が変更されたとき
onload	ページの読み込みが完了したとき
onclick	要素やリンクをクリックしたとき
ondblclick	要素をダブルクリックしたとき
onmouseover	要素の上にマウスカーソルが合わさったとき
onmousemove	要素の上でマウスカーソルを動かしたとき
onfocus	フォーム要素にフォーカスが当たったとき

以下に、onclick 以外のイベントハンドラの例を見ていきましょう。

6-6.html と 6-6.js の例では、ボタンを押してから処理を行うのではなく、文字が入力されるたびに処理を行うように変更しています（図 6.6）。onkeyup を使うと、押していたキーを上げたときにイベントが発生します。ボタンを押すことなく、文字を入力したらすぐに結果が表示されます。

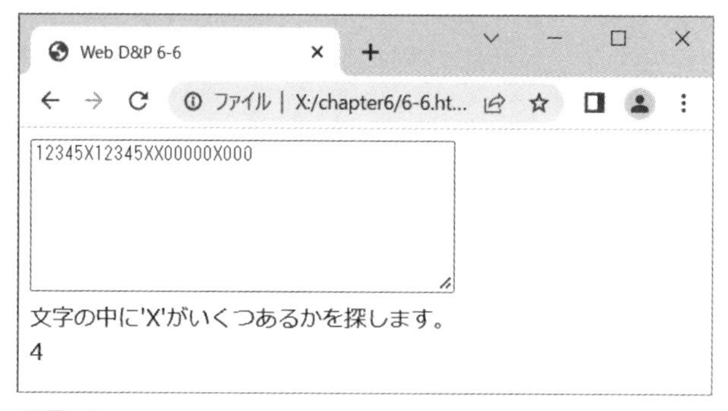

図6.6 キーを上げるたびにイベント発生

HTML 6-6.html

```
  . . .
 8    <body>
 9        <form name="form1">
10            <textarea name="txt"
11                onkeyup="search()"
12                style="width:300px;height:100px;"></textarea>
13            <br>
14            文字の中に'X'がいくつあるかを探します。<br>
15            <div id="kekka"></div>
16        </form>
17    </body>
  . . .
```

JS 6-6.js

```
1 function search() {
2     var txt = document.form1.txt.value;
3     var cnt = txt.split('X').length - 1;
4     document.getElementById('kekka').innerHTML = cnt;
5 }
```

次に、onload イベントについて説明します。onload は、ブラウザが HTML ファイルを読み込み終えた段階で発生するイベントです。

6-7.html では、body タグに onload イベントを定義しています。HTML ファイルが読み込まれて、内容を取得した段階で、関数 dispList が実行されます。dispList の中では、document.getElementById により HTML ファイルの内容を参照しているため、HTML を読み込んだ後でないと処理ができないのです。<div id="list"></div> では中身が空ですが、onload の指定により関数 dispList が実行されて、学生番号、氏名、年齢のリストが表示されるようになります（図 6.7）。

HTML 6-7.html

```
  . . .
 8    <body onload="dispList()">
 9        学生一覧<hr>
10        <div id="list"></div>
11    </body>
  . . .
```

JS 6-7.js

```
var data = {
    A0001 : { name:'佐藤一郎', age:21},
    A0002 : { name:'山田花子', age:20},
    A0003 : { name:'鈴木太郎', age:19},
    A0004 : { name:'田中愛子', age:22},
};

function dispList() {
    var html = '';                              // 変数htmlにリスト表示する
    for (var key in data) {                     // 内容をセットする
        html += key + ':';
        html += data[key].name + '、';
        html += data[key].age + '歳<br>';
    }
    document.getElementById('list').innerHTML = html;
}
```

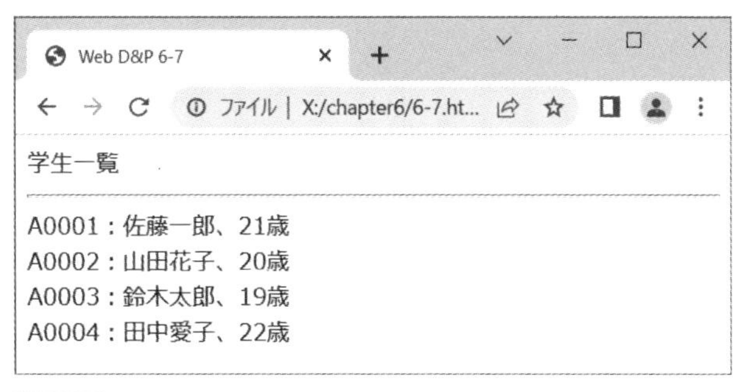

図6.7 onload イベント

6.3 jQuery

jQueryは、ジョン・レシグ(John Resig)氏が開発し、2006年1月にリリースしたJavaScriptのライブラリです。ライブラリとは、複数の機能をまとめて部品化したものです。このライブラリは数多くのWebサイトやWebアプリケーションで使用されており、デファクト・スタンダード（事実上の標準）の位置付けとなっています。

Webブラウザには多くの種類が存在しますが、JavaScriptのプログラムをブラウザごとに微調整する必要があります。しかし、jQueryを使えば、ブラウザの違いを気にする必要がなく、安定した開発を行うことができます。

また、jQueryを使うことで、短い簡潔なプログラムで目的の動きを実現することができます。jQueryの公式サイトにあるjQueryのロゴの下に「write less, do more.（少ない記述で、もっと多くのこと）」とあるように、コンパクトなプログラムコードにより、多くの処理が実現できるわけです。

(1) jQueryの組み込み

jQueryのライブラリを利用可能にするには、ライブラリを読み込む必要があります。HTML内のhead部に以下のような1行を追加します。

```
<head>
    . . .
    <script src="https://code.jquery.com/jquery-3.6.0.min.js"></script>
    . . .
</head>
```

src= の後の URL は、jQuery のホームページ内にある最新の jQuery ライブラリの場所を指定します。「3.6.0」の部分には最新バージョンの番号が入ります。

jQuery のホームページ（https://jquery.com）より「Download jQuery」をクリックすると、ライブラリのソースコードが画面上に表示されます。これを保存することで、インターネットにアクセスせずに利用することができるようになります。本書では、これ以降、ローカルに取得した jQuery のプログラムファイルを JavaScript ファイルと同じフォルダ内に置き、直接指定することとします。

(2) 初期起動

$(function(){　}); により、ブラウザに表示後に実行する処理を記述します。6-8.html と 6-8.js の例では、関数 alert により、ウィンドウを表示して「スタートしました。」というメッセージを表示します（図 6.8）。jQuery ライブラリはローカルに保存したものを利用しています。また、他の JavaScript のファイル（この例では 6-8.js）よりも先に読み込む必要があります。

HTML 6-8.html

```
1 <!DOCTYPE html>
2 <html>
3     <head>
4         <meta charset="utf-8">
5         <title>Web D&P 6-8</title>
6         <script src="jquery-3.6.0.min.js"></script>
7         <script src="6-8.js"></script>
8     </head>
  . . .
```

JS 6-8.js

```
1 $(function() {
2     alert('スタートしました。');
3 });
```

図6.8 初期起動

(3) HTML 操作

次の 6-9.html と 6-9.js の例で、$('#msg') 部分は、jQuery オブジェクトとよばれるものです。#msg 部分には 2.2 節「CSS の定義方法」で説明したセレクタを指定します。id 属性で定義した場合、# で始まるセレクタを使い、class 属性の場合は、.（ドット）で始まるセレクタを使います。タグの場合は、そのままタグ名を使用します。

$('#msg').html('表示したい文字列') により、セレクタで指定した部分に文字列を表示します。この例では図 6.9 のように表示されます。

HTML 6-9.html

```
1  <!DOCTYPE html>
2  <html>
3      <head>
4          <meta charset="utf-8">
5          <title>Web D&P 6-9</title>
6          <script src="jquery-3.6.0.min.js"></script>
7          <script src="6-9.js"></script>
8      </head>
9      <body>
10         jquery
11         <div id="msg"></div>
12     </body>
13 </html>
```

JS 6-9.js

```
1  $(function() {
2      $('#msg').html('スタートしました。');
3  });
```

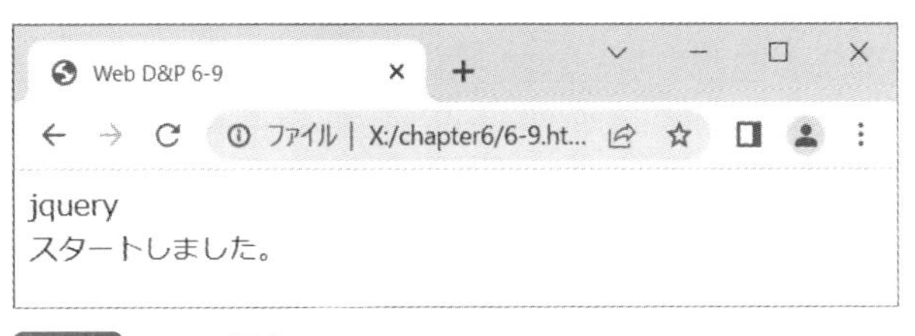

図6.9 HTML 操作

(4) Form とイベント処理

6.2 節で数値を入力して合計を計算する処理を説明しました。それと同じ内容を jQuery で実装したいと思います。jQuery で実装すると、6-10.html と 6-10.js のようになります。ブラウザ表示は、図 6.3 と同じになります。

ボタンを押したときの処理を実装するには、対象となるボタンの id 名を使い、$('#keisan').on('click', 処理内容); と定義します (A)。処理内容部分は、function(){...} を使い、関数名を定義しない無名関数によって定義します。

無名関数の中では、val メソッドを使い、二つのテキストボックスの入力値を取得します (B)。これらは文字列なので、整数に変換した後、足し算を行います (C)。その結果をhtmlメソッドによりid="goukei"部分に設定することで(D)、<div id = "goukei"></div>部分に結果が表示されます。

HTML 6-10.html

```
1  <!DOCTYPE html>
2  <html>
3      <head>
4          <meta charset="utf-8">
5          <title>Web D&P 6-10</title>
6          <script src="jquery-3.6.0.min.js"></script>
7          <script src="6-10.js"></script>
8      </head>
9      <body>
10         数値を入力して、ボタンを押してください。<br>
11         <input type="text" id="text-a">
12         <input type="text" id="text-b"><br>
13         <input type="button" id="keisan" value="合計を計算します。">
14         <div id="goukei"></div>
15     </body>
16 </html>
```

JS 6-10.js

```
1  $(function() {
2      $('#keisan').on('click', function() {          ・・・(A)
3          var a = $('#text-a').val();                 ┐
4          var b = $('#text-b').val();                 ┘・・・(B)
5          var ret = parseInt(a) + parseInt(b);        ・・・(C)
6          $('#goukei').html(ret);                     ・・・(D)
7      });
8  });
```

(5) CSSの操作

jQueryを使うと、背景色などのCSSの内容を簡単に定義することができます。次の6-11.htmlと6-11.jsの例では、$('#oshite')の後に、cssメソッドによりCSS属性名と値の二つの引数をセットしています。ブラウザ表示は、図6.2と同じになります。

HTML 6-11.html

```
1  <!DOCTYPE html>
2  <html>
3      <head>
4          <meta charset="utf-8">
5          <title>Web D&P 6-11</title>
6          <link rel="stylesheet" href="6-2.css">
7          <script src="jquery-3.6.0.min.js"></script>
8          <script src="6-11.js"></script>
9      </head>
10     <body>
11         <input type="button" id="oshite" value="押してください">
12         <div id="color">ブルー</div>
13     </body>
14 </html>
```

JS 6-11.js

```
$(function() {
    $('#oshite').on('click', function(){
        if ($('#color').html()==' ブルー ') {
            $('#color').html(' ホワイト ');
            $('#color').css('background-color', 'white');
            $('#color').css('left', 200);
        }
        else {
            $('#color').html(' ブルー ');
            $('#color').css('background-color', '#7dcdf3');
            $('#color').css('left', 0);
        }
    });
});
```

6-11.js の代わりに、6-12.js のように連想配列の形で定義することもできます。

JS 6-12.js

```
$(function() {
    $('#oshite').on('click', function(){
        if ($('#color').html()==' ブルー ') {
            $('#color').html(' ホワイト ');
            $('#color').css({
                'background-color':'white',
                'left': 200
            });
        }
        else {
            $('#color').html(' ブルー ');
            $('#color').css({
                'background-color':'#7dcdf3',
                'left': 0
            });
        }
    });
});
```

(6) メソッドチェーン

jQuery では、**メソッドチェーン**とよばれる方法で、一つの jQuery オブジェクトに対して、複数のメソッドを定義することができます。次の 6-13.js の例では、$('#color') に対して html(' ホワイト ') で表示する文字列を変更後、.css() により CSS 属性を変更しています。

JS 6-13.js

```
$(function() {
    $('#oshite').on('click', function(){
        if ($('#color').html()==' ブルー ') {
            $('#color').html(' ホワイト ').css({
                'background-color':'white',
                'left':200
            });
        }
```

```
9          else {
10             $('#color').html(' ブルー ').css({
11                 'background-color':'#00a0e8',
12                 'left':0
13             });
14         }
15     });
16 });
```

(7) アニメーション

（1）の「jQueryの組み込み」と同様に、jQueryのホームページからjQuery UIライブラリのファイルをダウンロードし、JavaScriptと同じフォルダ内に保存することで、アニメーションを定義することができます。6-14.htmlのように、jQueryライブラリの指定の次に`<script src="jquery-ui-1.13.1.min.js"></script>`と記述します。JavaScriptファイルにおいては、animateメソッドで、変更したいCSSプロパティと変更までの時間（ミリ秒）を設定します。下の6-14.htmlと6-14.jsの例では、背景色と位置を2000ミリ秒（2秒）かけて変更するよう指定しています。

HTML 6-14.html

```
   ...
7          <script src="jquery-3.6.0.min.js"></script>
8          <script src="jquery-ui-1.13.1.min.js"></script>
   ...
```

JS 6-14.js

```
1  $(function() {
2      $('#oshite').on('click', function(){
3          if ($('#color').html()==' ブルー ') {
4              $('#color').html(' ホワイト ')
5                  .animate({
6                      'background-color': '#ffffff',
7                      'left': 200
8                  }, 2000);
9          }
10         else {
11             $('#color').html(' ブルー ')
12                 .animate({
13                     'background-color': '#7dcdf3',
14                     'left': 0
15                 }, 2000);
16         }
17     });
18 });
```

例題6-1

6.2節で示したonkeyupとonloadの二つのイベント処理を使って、図6.10のような、学生情報のリストと検索機能を併せもつページを作成します。プログラムの空欄を埋めてください。ただし、同じ番号の空欄には同じものが入ります。

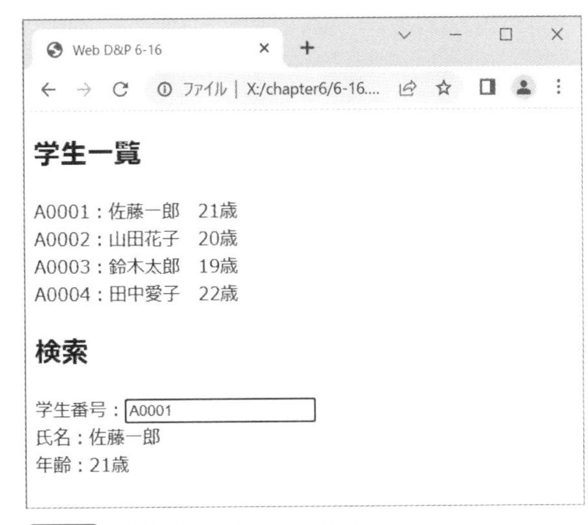

図6.10 学生情報リストと検索のページ

HTML 6-15.html

```
1  <!DOCTYPE html>
2  <html>
3      <head>
4          <meta charset="utf-8">
5          <title>Web D&P 6-15</title>
6          <script src="jquery-3.6.0.min.js"></script>
7          <script src="6-15.js"></script>
8      </head>
9      <body>
10         <h2>学生一覧</h2>
11         <div id="list"></div>
12         <h2>検索</h2>
13         学生番号：<input type="text" id="id"><br>
14         氏名：<span id="name"></span><br>
15         年齢：<span id="age"></span>
16     </body>
17 </html>
```

JS 6-15.js

```
1  var data = {
2      'A0001':{ name:'佐藤一郎', age:21},
3      'A0002':{ name:'山田花子', age:20},
4      'A0003':{ name:'鈴木太郎', age:19},
5      'A0004':{ name:'田中愛子', age:22},
6  };
7
8  $(function() {                          ・・・(A)
9      var html = '';
```

```
10      for (var key in data) {                 ・・・(B)
11          html += '学生番号：' + key;
12          html += '　氏名：' + data[key].name;
13          html += '　年齢：' + data[key].age + '<br>';
14      }
15      $('#list').html(①________);
16      $('#id').on('keyup', ②________);
17  });
18
19  function search() {
20      var id = $('#id').③________;
21      var name = age = '';
22      if (data[id]) {
23          name = data[④____].name;
24          age = data[④____].age;
25      }
26      $('#name').⑤________(name);
27      $('#age').⑤________(age);
28  }
```

解説 まず、(A) の部分の $(function() { }); により、Webブラウザの読み込みが完了後の処理を記述しています。

(B) 部分では、学生番号、氏名、年齢を連想配列により取得し、変数 html にセットします。「A0001：佐藤一郎　21歳」から4行分のデータが変数 html に代入されます。年齢の後には '<br>' により改行を指定しています。

①では、変数 html の文字列を id="list" 部分に反映させる処理を行います。①には、html が入ります。

②では、id="id" 部分でキーボードから入力があるたびに、search という関数を起動することになるので、②には search が入ります。

関数 search では、③で id="id" のテキスト入力欄に入力された文字列を変数 id に取得する処理を定義します。よって、③には val() が入ります。

変数 name と変数 age には、''（シングルクォーテーションを二つ）を指定し、何もない文字をセットします。続いて、if 文にて data[id] に文字が入っている場合は、name と age の変数を連想配列よりセットします。ここでは name = data[id].name; と age = data[id].age; により、氏名と年齢を代入することができます。よって、④には id が入ります。

⑤では、HTML の id="name" および id="age" 部分の内容を変数 name および変数 age で書き換えます。よって、html が入ります。

＜答え＞ ① html　② search　③ val()　④ id　⑤ html

例題6-2

例題5-3で作成した2022年6月のカレンダーを拡張します。図6.11のように、上部に年・月を表示し、左右の「＜」ボタンと「＞」ボタンにより、前月と翌月に移動できるようにします。プログラムの空欄を埋めてください。ただし、同じ番号の空欄には同じものが入ります。

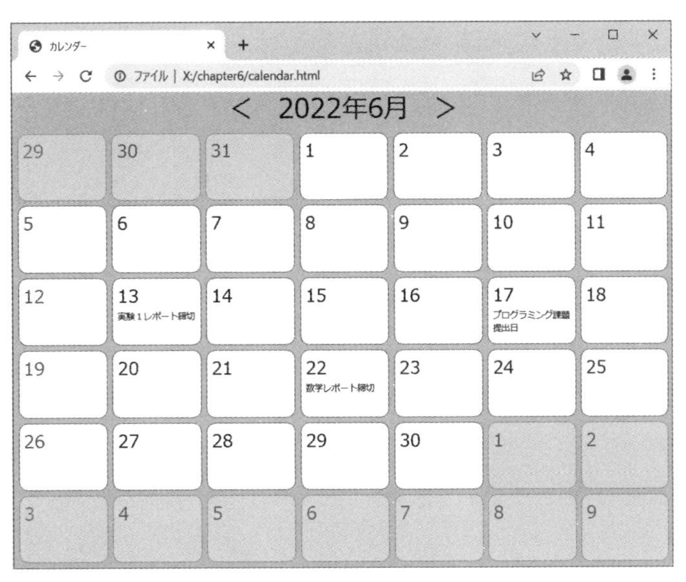

図6.11 カレンダーの画面

HTML chapter6/calendar.html

```
    ・・・
 8      <body>
 9          <div id="title"></div>                ・・・(A)
10          <div id="calendar"></div>
11      </body>
    ・・・
```

JS chapter6/calendar.js

```
 1  var year, month;
 2  var schedule = {'6/13':'実験１レポート締切', '6/17':'プログラミング課題提出日', '6/22':'数
    学レポート締切'};
 3
 4  $(function() {
 5      draw( new Date(2022, 5, 1) );                ・・・(B)
 6  });
 7
 8  function draw( now ) {
 9      year = now.getFullYear();                    ・・・(C)
10      month = now.getMonth();
11      var title = '<span id="prev-month">＜</span>　';
12      title += year + '年' + (month+1) + '月';
13      title += '　<span id="next-month">＞</span>';
14      $(①__________).html(title);
15
16      var html = '';
17      var firstDay = new Date(year, month, 1);
18      for(var i=1; i<=42; i++) {
19          var day = new Date(year, month, i-firstDay.getDay());
20          var m = day.getMonth();
21          var d = day.getDate();                   ・・・(D)
22          var className = 'day';
23          if (i%7 == 1) className += ' sunday';
24          if (i%7 == 0) className += ' saturday';
```

```
25        if (m != month) className += ' other-month';
26        var s = d;
27        for(var sch in schedule) {
28          if (sch==(m+1)+'/'+d) {
29            s += '<div class="schedule-text">' + schedule[sch] + '</div>';
30          }
31        }
32        html += '<div class="' + className + '">' + s + '</div>';
33      }
34      $(②__________).html(html);
35
36      $('#prev-month').on(③__________, function() {
37        draw( new Date(year, ④__________ , 1) );
38      });
39
40      $('#next-month').on(③__________ , function() {
41        draw( new Date(year, ⑤__________ , 1) );
42      });
43    }
```

CSS chapter6/calendar.css

```
1   * {
2       margin: 0;
3       box-sizing: border-box;
4   }
5
6   body {
7       background: lightgray;
8   }
9
10  #title {
11      font-size: 30px;
12      height: 40px;
13      line-height: 40px;
14      text-align: center;
15  }
16
17  #next-month:hover,
18  #prev-month:hover{
19      font-weight: bold;
20      cursor: pointer;
21  }
22
23  #calendar {
24      width: 100vw;            /* ビューポート幅の 100% */
25      height: calc(100vh - 40px);
26                               /* ビューポート高さの 100% - 40px */
27      padding: 3px;
28  }
29
30  .day{                        /* 日付の枠部分 */
31      font-size: 20px;
32      width: calc(100%/7 - 6px);      /* 100%/7 から 6px を引く */
33      height: calc(100%/6 - 6px);     /* 100%/6 から 6px を引く */
34      background: white;
35      border: 1px solid gray;         /* 枠線を指定 */
36      border-radius: 10px;
37      margin: 3px;             /* 外側の余白を 3px に指定 */
38      padding: 5px;            /* 内側の余白を 5px に指定 */
```

```
39      float: left;              /* 順に左側に配置していく */
40  }
41
42  .sunday {                     /* class="sunday" は赤色 */
43      color: red;
44  }
45
46  .saturday {                   /* class="saturday" は青色 */
47      color: blue;
48  }
49
50  .other-month {                /* class="other-month" は半透明 */
51      opacity: 0.4;
52  }
53
54  .schedule-text {              /* class="schedule-text" は小さい文字 */
55      font-size: 8px;
56  }
```

解説 まずHTMLファイルを見ると、bodyの中にdivタグが二つあり、それぞれid="title"とid="calendar"と定義されています(A)。

JavaScriptファイルでは、$(function() { });により、HTML読み込み直後に関数drawを呼び出すように指定しています(B)。グローバル変数をyearとmonthとし、関数drawの最初で引数nowをもとにした年と月を求め、それぞれyearとmonthにセットします(C)。このyearとmonthは前月や翌月に移動するときに利用します。ただし、1月の前月は0月ではなく、前年の12月です。それに対応するために、yearとmonthを直接足したり引いたりはせず、日付オブジェクトを生成し、年と月を取得し直すことで、適切な年と月を設定しています(D)。

基本的な構成は、例題5-3と同じですが、前月と翌月の処理を実現することにより、一つの月が6週になることがあります。そのため、forループは1から42とします。

①には'#title'、②には'#calendar'、③には'click'が入ります。

関数drawに前月の日付オブジェクトを入れることで、前月を表示することになるので、④にはmonth - 1が入ります。⑤は翌月なので、month + 1となります。

<答え> ① '#title' ② '#calendar' ③ 'click' ④ month - 1 ⑤ month + 1

練習6

次の図のように、テキストボックス内に正方形の辺の長さを半角の数値で入力して、「ボックス作図」をクリックすると、その下に青色の正方形を作図するページを作成します。プログラムの空欄を埋めてください。

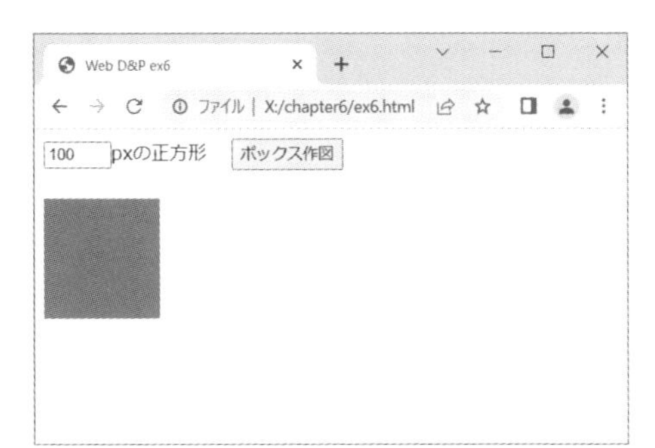

HTML ex6.html

```
<!DOCTYPE html>
<html>
    <head>
        <meta charset="utf-8">
        <title>Web D&P ex6</title>
        <script src="jquery-3.6.0.min.js"></script>
        <script src="ex6.js"></script>
    </head>
    <body>
        <input tpye="text" id="size" style="width:50px;">px の正方形
        <input type="button" id="box" value=" ボックス作図 "><br><br>
        <div id="color-area"></div>
    </body>
</html>
```

JS ex6.js

```
$(①__________() {
    $('#box'). ②__________(③__________, function() {
        var size = $(④__________). ⑤__________;
        if (size=='' || isNaN(size) || parseInt(size)<=0 ) {
            alert(" 正方形のサイズ (半角の 0 より大きい数値) を入力してください。");
            return;
        }
        $(⑥__________). ⑦__________({
            ⑧__________: 'blue',
            ⑨__________: size,
            ⑩__________: size
        });
    });
});
```

まとめ

この章では、DOM、Form、jQuery について学びました。

- DOM を利用することで、ブラウザ内のオブジェクトにアクセスし、HTML の表示内容やスタイルを取得したり、設定したりすることができます。
- 以下のような Form を利用して、ユーザの入力を受け付けることができます。

Form 名	HTML の定義方法
テキストボックス	<input type = "text">
ラジオボタン	<input type = "radio">
チェックボックス	<input type = "checkbox">
セレクトボックス	<select name = "XXXX"> <option value = "ITME1"> <option value = "ITME2"> <option value = "ITME3"> </select>
テキストエリア	<textarea>XXXXXX</textarea>

- jQuery を利用して、初期起動、HTML 操作、Form とイベント処理、CSS の操作などを簡潔なコードで処理することができます。

サーバサイドプログラミング

はじめに

ここまでのフロントエンドのみの処理では、毎回同じ反応をするWebページしか構築できません。サーバサイドの処理により、データを保存して、次回にそのデータを利用するようなWebアプリケーションを構築できます。サーバサイドのプログラミング言語としては、8割近いシェアをもつ、PHPという言語があります。

ここでは、PHPの基本的なプログラミング方法と、HTTPのGET送信とPOST送信によるWebページとのデータのやり取りや、サーバ上のファイルの読み込み・書き込み方法などについて学びます。

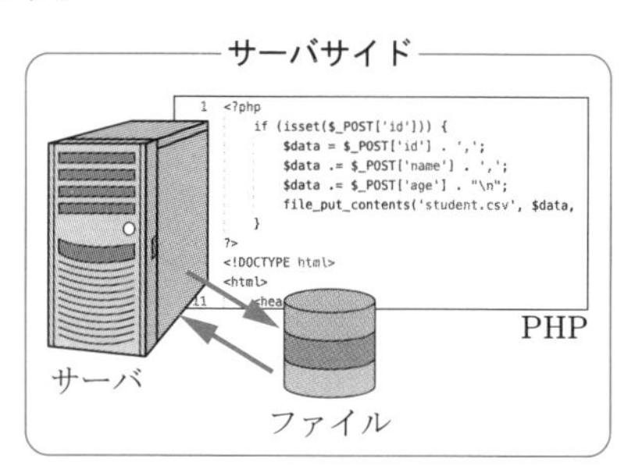

7.1 PHPの環境設定

前章までは、ブラウザの起動をエクスプローラ上で（macOSの場合Finder上で）ファイルをクリックして、フロントエンドのみで実行していましたが、サーバサイドのプログラムを実行するためには、Webサーバが必要となります。WindowsおよびmacOS Monterey（12.0.0）以降と、macOS Monterey（12.0.0）より前とで分けて、開発環境のインストールおよび動作確認の方法を説明します。

(1) XAMPPのインストール(Windows、macOS Monterey（12.0.0）以降)

XAMPPという開発環境を紹介します。XAMPPは、Webアプリケーションの実行に必要なフリーのソフトウェア（Apache、MariaDB、PHP、Perl）をパッケージとしてまとめたもので、apachefriends.org（図7.1）から提供されています。主として開発用あるいは学習用に使われますが、イントラネットなどにおいて実運用環境として使われることもあります。

Apacheは、Apacheソフトウェア財団のApacheHTTPサーバプロジェクトにより、

図7.1 XAMPP のホームページ

ソースコードが公開および配布されている、世界で最も多く使われている Web サーバソフトウェアです。

MariaDB は、MySQL 派生のオープンソースの RDBMS（リレーショナル・データベース管理システム）です。データベースについては、10.2 節で、MySQL とは別のファイルベースで稼働する SQLite について少し触れます。さまざまなデータを管理する運用システムでは、データベースは必須の技術です。

PHP は、"The PHP Group" により提供されるオープンソースの汎用プログラミング言語で、サーバサイドで動的なウェブページを作成するために利用されます。

Perl は、ラリー・ウォール（Larry Wall）氏によって開発されたプログラミング言語で、フリーソフトウェアです。Web アプリケーション開発に広く利用されています。

ここでは、Apache による Web サーバ起動、PHP によるサーバサイドのプログラミング環境を構築します。XAMPP のホームページより Windows 用もしくは macOS 用のパッケージをダウンロードし（図 7.2）、インストールします。

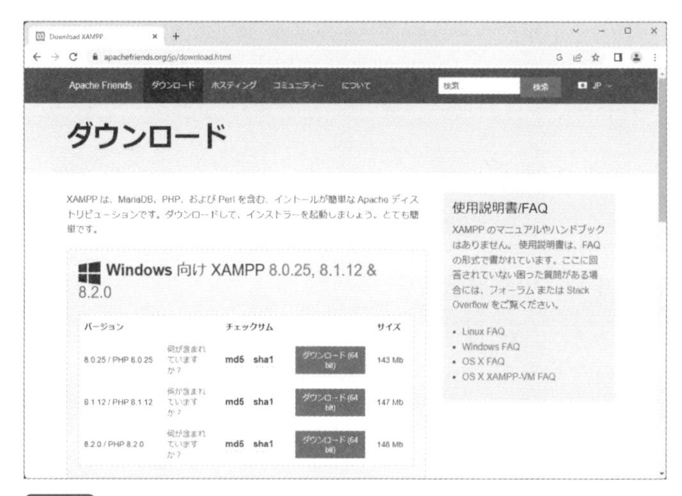

図7.2 XAMPP のダウンロード

(2) 実行確認（Windows、macOS Monterey（12.0.0）以降）

XAMPPのインストールが終了したら、XAMPP Control Panelを起動し、図7.3のウィンドウからApacheをスタートさせます（Apacheの行の「Start」ボタンを押します）。

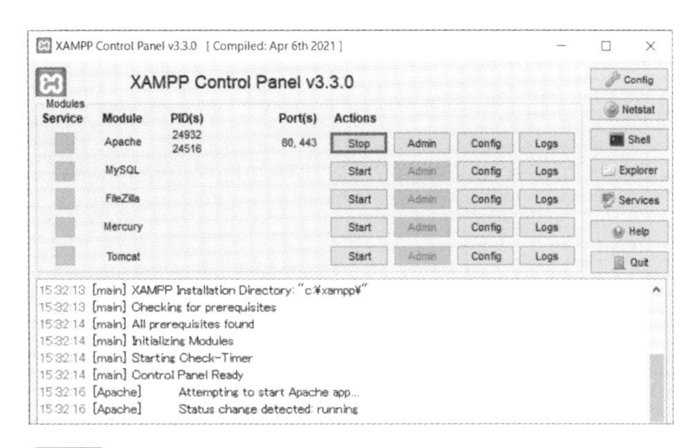

図7.3 XAMPP Control Panelの画面

次に、Webブラウザ上で、URLとして、http://localhost（もしくはlocalhost）とタイプします。Webブラウザの画面に以下（図7.4）のページが表示されると、Webサーバが起動していることになります。

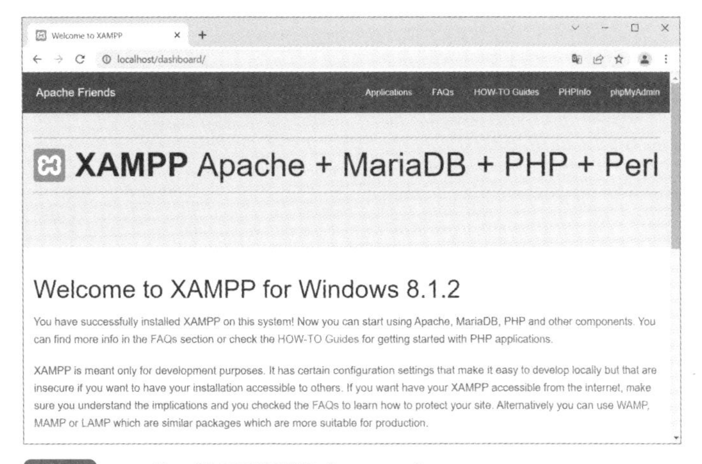

図7.4 Webサーバの起動確認（Windows）

通常のインストールでは、Windowsの場合はc:/xampp/htdocs/、macOSの場合は/Application/XAMPP/htdocsの中が、Webサーバのドキュメントを見る場所となっています。そこにweb-dpフォルダを作成し、その中に次のようなphpinfo.phpを保存します。

PHP c:/xampp/htdocs/web-dp/phpinfo.php

```php
1  <?php
2      print phpinfo();
3  ?>
```

URL 欄に以下のようにタイプすることで、図 7.5 のような現在の設定状況を詳細に見ることができます。

URL http://localhost/web-dp/phpinfo.php

なお、http:// を省略して、localhost/web-dp/phpinfo.php でも受け付けられます。

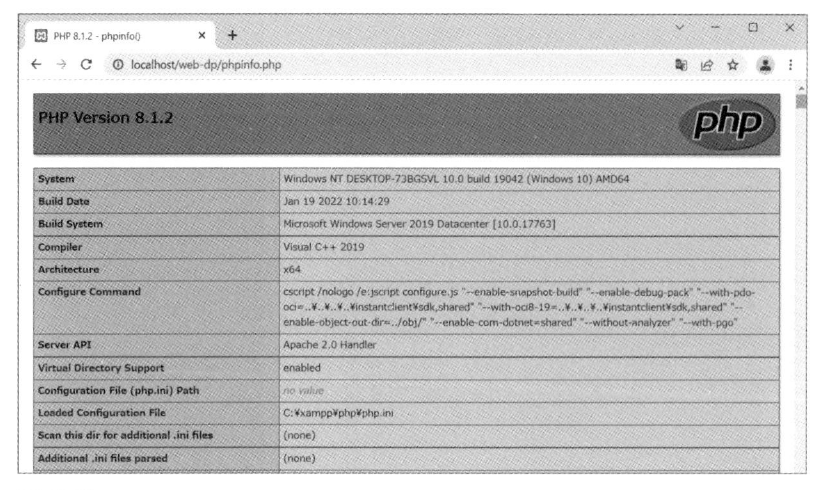

System	Windows NT DESKTOP-73BGSVL 10.0 build 19042 (Windows 10) AMD64
Build Date	Jan 19 2022 10:14:29
Build System	Microsoft Windows Server 2019 Datacenter [10.0.17763]
Compiler	Visual C++ 2019
Architecture	x64
Configure Command	cscript /nologo /e:jscript configure.js "--enable-snapshot-build" "--enable-debug-pack" "--with-pdo-oci=..¥..¥..¥..¥instantclient¥sdk,shared" "--with-oci8-19=..¥..¥..¥..¥instantclient¥sdk,shared" "--enable-object-out-dir=../obj/" "--enable-com-dotnet=shared" "--without-analyzer" "--with-pgo"
Server API	Apache 2.0 Handler
Virtual Directory Support	enabled
Configuration File (php.ini) Path	no value
Loaded Configuration File	C:¥xampp¥php¥php.ini
Scan this dir for additional .ini files	(none)
Additional .ini files parsed	(none)

図7.5 PHP の設定に関する情報を表示

(1′) プリインストールの Apache 利用と PHP の設定（macOS Monterey（12.0.0）より前）

macOS X 10.0 から macOS Big Sur（11.6.1）の場合は、Apache と PHP が最初から入っているため、XAMPP をインストールする必要はありません。確認のため、ターミナルより以下のコマンドを実行してください。バージョンが出ない場合は、前節の XAMPP（macOS 用）をインストールしてください。

```
$ /usr/sbin/httpd -version
Server version: Apache/2.4.46 (Unix)
Server built:   Feb 28 2021 04:17:49
```

Apache がインストールされている場合は、Server version が表示されます。ただ、Mac では、PHP はインストールされていますが、Apache Server の設定で PHP が有効となっていません。ターミナルから、httpd.conf ファイルを編集します。

```
$ sudo vi /etc/apache2/httpd.conf
Password: ****
```

vi エディタ上で /php とタイプします（図 7.6（a））。PHP の設定部分がコメントとなっているので、行の最初の # を消して（# 部分で x キーを押して）有効にします（図 7.6（a））。その後、:w! とタイプし、保存します。

Web サーバの設定を有効にするために、以下を打ち込んで、Web サーバを再起動させます。

```
$ sudo /usr/sbin/apachectl restart
```

```
murakami — vim • sudo — 80×24
#
# This is the main Apache HTTP server configuration file.  It contains the
# configuration directives that give the server its instructions.
# See <URL:http://httpd.apache.org/docs/2.4/> for detailed information.
# In particular, see
# <URL:http://httpd.apache.org/docs/2.4/mod/directives.html>
# for a discussion of each configuration directive.
#
# Do NOT simply read the instructions in here without understanding
# what they do.  They're here only as hints or reminders.  If you are unsure
# consult the online docs. You have been warned.
#
# Configuration and logfile names: If the filenames you specify for many
# of the server's control files begin with "/" (or "drive:/" for Win32), the
# server will use that explicit path.  If the filenames do *not* begin
# with "/", the value of ServerRoot is prepended -- so "logs/access_log"
# with ServerRoot set to "/usr/local/apache2" will be interpreted by the
# server as "/usr/local/apache2/logs/access_log", whereas "/logs/access_log"
# will be interpreted as '/logs/access_log'.


#
# ServerRoot: The top of the directory tree under which the server's
/php
```

(a) vi エディタで /php とタイプ

```
murakami — vim • sudo — 80×24
#LoadModule dav_fs_module libexec/apache2/mod_dav_fs.so
#LoadModule dav_lock_module libexec/apache2/mod_dav_lock.so
#LoadModule vhost_alias_module libexec/apache2/mod_vhost_alias.so
LoadModule negotiation_module libexec/apache2/mod_negotiation.so
LoadModule dir_module libexec/apache2/mod_dir.so
#LoadModule imagemap_module libexec/apache2/mod_imagemap.so
#LoadModule actions_module libexec/apache2/mod_actions.so
#LoadModule speling_module libexec/apache2/mod_speling.so
#LoadModule userdir_module libexec/apache2/mod_userdir.so
LoadModule alias_module libexec/apache2/mod_alias.so
#LoadModule rewrite_module libexec/apache2/mod_rewrite.so
LoadModule php7_module libexec/apache2/libphp7.so
#LoadModule perl_module libexec/apache2/mod_perl.so
LoadModule hfs_apple_module libexec/apache2/mod_hfs_apple.so

<IfModule unixd_module>
#
# If you wish httpd to run as a different user or group, you must run
# httpd as root initially and it will switch.
#
# User/Group: The name (or #number) of the user/group to run httpd as.
# It is usually good practice to create a dedicated user and group for
# running httpd, as with most system services.
```

(b) PHP の設定部分の行の最初の # を消す

図7.6 Web サーバの環境設定（macOS）

(2′) 実行確認（macOS Monterey（12.0.0）より前）

macOS Monterey（12.0.0）より前の場合、/Library/WebServer/Documents がドキュメントを格納する場所です。URL 欄に http://localhost（もしくは localhost）とタイプして、「It works!」と表示されれば、接続完了です。

macOS Monterey（12.0.0）より前の場合も Windows 同様に phpinfo.php を作成して、Web サーバが読み取る位置にファイルを保存します。Library フォルダは、初期状態では非表示になっています。表示させるには、Finder の上部メニューの「移動」-「フォルダーへ移動」を選択し、/Library とタイプします。すると、カタカナで「ライブラリ」と表示されます。ライブラリは Library と同じフォルダです。その後、WebServer/Documents と中に入ることができます。Documents フォルダは書き込み禁止になっているので、作業用のフォルダ（web-dp) を作成し（ここではパスワードを求められます)、その中に phpinfo.php を作るようにしてください。

Web ブラウザで、以下のようにタイプすることで、PHP のバージョン情報が表示されます（図 7.7)。

URL http://localhost/web-dp/phpinfo.php

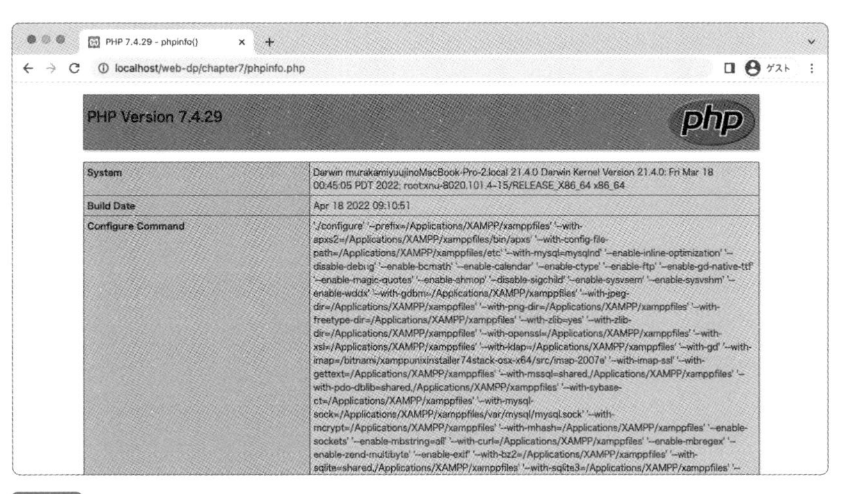

図7.7 Web サーバの起動確認（Mac）

PHP /Library/WebServer/Documents/web-dp/phpinfo.php

```
1 <?php
2     print phpinfo();
3 ?>
```

7 2 PHPの基本

PHPによるサーバサイドのプログラミング方法を簡単な例で紹介します。

PHPは、JavaScriptと同じスクリプト言語で、型宣言は行いません。$で始まる変数を用いて、演算や代入などの処理を行うことができ、整数、実数、文字列、論理値などを利用できます。文字列を結合するときは、+ではなく、.（ドット）を使います。また、print文（やecho文）でブラウザ画面に文字列を表示することができます。

PHPファイルをWebブラウザで実行する際は、URL欄に、例えば以下のようにタイプします。

URL http://localhost/web-dp/chapter7/7-1.php

URL欄にはlocalhost/web-dp/chapter7/7-1.phpと表示されます。なお、入力の際にhttp://を省略してもかまいません。

PHP 7-1.php

```
1 <?php
2     $a = 100;
3     $b = 2;
4     $str = 'AAA' . ($a * $b);
5     print $str;
6 ?>
```

▼出力結果▼

```
AAA200
```

PHPでは、JavaScriptと同様、関数はfunctionにより定義します。引数や戻り値の扱いは同じです。

次の7-2.phpでは、関数の中でif文を利用しています。引数の値が10よりも小さいときには、−1倍して負の数になるようにしています。その後、2を掛けた値を戻すように定義しています。その結果、$aは−10に、$bは40になり、「−10 40」という出力結果となります。

URL http://localhost/web-dp/chapter7/7-2.php

PHP 7-2.php

```
1 <?php
2     $a = func(5);
3     print $a . ' ';
4     $b = func(20);
```

```
 5     print $b;
 6
 7     function func($a) {
 8         if ($a<10) {
 9             $a = -$a;
10         }
11         return $a * 2;
12     }
13 ?>
```

▼ 出力結果 ▼

```
-10 40
```

PHP のプログラムを実行していく際に、予期しないエラーが発生することがあります。エラーの箇所を特定し、その原因を把握することは非常に大事です。

図 7.8 は、7-2.php においてスペルミスをした場合のファイル（7-2error.php）を実行したときの画面です。ここでは、func のところを fun（c が足りない）としたケースです。

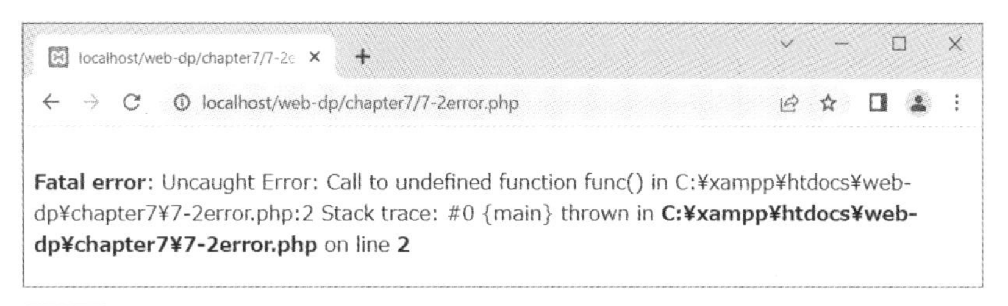

図7.8 エラーメッセージ

エラーメッセージを読んで、その原因を掴むようにしましょう。原因がわからないときは、エラーメッセージの内容を Web サイトなどで検索し、エラーの原因を押さえたうえで、コードを修正します。やみくもにコードを変更しても、時間ばかりが経過します。ここでは、関数 func が未定義であることが書いてあります。また、最後に「on line 2」とありますが、これは 2 行目でエラー起きていることを示しています。

エラーメッセージにおいては、示されているエラーの行がコードのミス部分とは異なるところを示す場合が多くあります。上の例でも、エラーの箇所が修正すべき 7 行目の fun ではなく、2 行目が表示されています。特に、{ } や ; を忘れた場合や、関数名を間違えた場合には、エラーメッセージで別の行が表示されることが多いので、注意が必要です。

7 3 GET 送信

GET 送信とは、URL の末尾にテキストデータを付けて送信する通信方法です。http 通信プロトコルの中の GET 送信を使った方法では、URL の最後に ? を付けて、その後ろに「キー名 = 値」を加えて送信することで、その値を PHP ファイルにおいて

$_GET['キー名']により値を取得することができます。これによって、ユーザがプログラム中の値を決め、出力結果に影響を与えることができます。

7-3.php の例では、http://localhost/web-dp/chapter7/7-3.php とタイプした場合は、$_GET['a']は未定義なので、関数 isset が false になり、$a は 100 となり、BBB100 と表示されます。しかし、http://localhost/web-dp/chapter7/7-3.php?a=200 のように「?a=200」部分を追加すると、$_GET['a']に 200 という文字がセットされるので、$a は 200 となり、BBB200 と表示されます。

URL http://localhost/web-dp/chapter7/7-3.php　A

URL http://localhost/web-dp/chapter7/7-3.php?a=200　B

PHP 7-3.php

```
1  <?php
2      $a = 100;
3      if (isset($_GET['a'])) {
4          $a = $_GET['a'];
5      }
6      $str = 'BBB' . $a;
7      print $str;
8  ?>
```

▼出力結果▼

```
BBB100 (URL の入力が A の場合)
BBB200 (URL の入力が B の場合)
```

次の 7-4.php は、GET 送信により二つの値を送る例です。URL に二つ目の項目を & に続けて記述します。URL に http://localhost/web-dp/chapter7/7-3.php?a=200&x=30 を入力すると、$_GET['a']には 200、$_GET['x']には 30 がセットされます。200 も 30 も文字列なので、数値に変換するために、intval という関数を利用しています。

URL http://localhost/web-dp/chapter7/7-4.php　A

URL http://localhost/web-dp/chapter7/7-4.php?a=200&x=30　B

PHP 7-4.php

```
1  <?php
2      $a = 100;
3      if (isset($_GET['a'])) {
4          $a = intval($_GET['a']);
5      }
6      $x = 9;
7      if (isset($_GET['x'])) {
8          $x = intval($_GET['x']);
9      }
10     $str = 'CCC' . ($a + $x);
11     print $str;
12 ?>
```

▼出力結果▼

```
CCC109 (URL の入力が A の場合)
CCC230 (URL の入力が B の場合)
```

7.4 配列と連想配列

PHP は JavaScript 同様、配列と連想配列を利用することができます。

配列の初期化は、

```
$ary = array();
```

で行います。値を設定して配列を初期化するには、array(値, 値, 値, ...) と [値, 値, 値, ...] の2通りの方法があります。例えば、

```
$ary = array( 10, 20, 30 );
$ary = [10, 20, 30 ];                    //PHP5.4以降で利用可
```

のように定義します。配列の代入と参照は、

```
$ary[0] = $ary[1];
```

のように行います。配列の個数は、

```
count( 配列 )
$cnt = count($ary);
```

のように取得します。関数 sizeof でも同じ動きをします。配列の繰り返し（ループ）は、

```
foreach($ary as $data) { ... }
```

で行います。$ary の各要素を $data として取り出し、個数分繰り返します。

7-5.php では、(A) で、配列 $ary1 が関数 array により値を設定して初期化されます。関数 count により配列の個数を取得し、$i が 0 からその個数 − 1 まで繰り返します。$ary1[$i] とすることで、それぞれの値を表示します。次に、(B) で、$ary2 を [　] により初期化し、配列の追加関数 array_push により要素を一つ追加します。そして、関数 foreach により各要素を $item として取り出しながら出力します。

URL http://localhost/web-dp/chapter7/7-5.php

PHP 7-5.php

```
1  <?php
2      $ary1 = array(10, 10.5, 'ABC');              ・・・(A)
3      for($i=0; $i<count($ary1); $i++) {
4          print $ary1[$i] . ' ';
5      }
6      print '<br>';
7
8      $ary2 = [20, 20.5, 'DEF'];                   ・・・(B)
9      array_push($ary2, 'GHI');
10     foreach($ary2 as $item) {
11         print $item . ' ';
12     }
13 ?>
```

7 サーバサイドプログラミング

▼ 出力結果 ▼

```
10 10.5 ABC
20 20.5 DEF GHI
```

PHP の**連想配列**は、JavaScript の連想配列と似ていますが、記述方法が異なります。値を設定して連想配列を初期化するには、array(キー => 値, キー => 値, キー => 値, ...) と [キー => 値, キー => 値, キー => 値, ...] の 2 通りの方法があります。例えば、

```
$ary = array( 'name'=>' 太郎 ', 'age'=>21, 100=>'ABC' );
$ary = ['name'=>' 太郎 ', 'age'=>21, 100=>'ABC'];          //PHP5.4 以降で利用可
```

のように定義します。キーには文字列か、数値を指定します。文字列は '（シングルクォーテーション)、"（ダブルクォーテーション）のいずれかで囲みます。数値の場合は配列と同じ扱いになります。連想配列の代入と参照は、

```
連想配列 [' キー ']
$ary['age'] = 24;
```

のように行います。連想配列の繰り返し（ループ）は、

```
foreach($ary as $key=>$val) { ... }
```

のように行います。$ary の各要素をキー名 $key、値 $val として取り出し、個数分繰り返します。

7-6.php では、連想配列 $ary3 が関数 array によりキーと値を設定して初期化します。7-5.php 同様に、foreach で as $data により繰り返し処理を行っています。その場合は、値が $data にセットされます。

次の $ary4 では [ ] によりキーと値を設定して初期化します（8 行目)。その後に += を使って連想配列の要素を一つ足しています。通常の配列では array_push で配列の要素を追加しましたが、連想配列の場合は += を利用することができます。foreach では as $key=>$data とすることで、連想配列のキー名と値を取得することができます。

URL http://localhost/web-dp/chapter7/7-6.php

PHP 7-6.php

```
1  <?php
2      $ary3 = array('name'=>' 山田太郎 ', 'age'=>21, 100=>'ABC');
3      foreach($ary3 as $data) {
4          print $data . ' ';
5      }
6      print '<br>';
7
8      $ary4 = ['name'=>' 田中一郎 ', 'age'=>22];
9      $ary4 += ['tel'=>'090-111-XXXX'];
10     foreach($ary4 as $key=>$data) {
11         print $key . ' ' . $data . ' ';
12     }
```

```
13      print '<br>';
14  ?>
```

▼ 出力結果 ▼

```
山田太郎 21 ABC
name 田中一郎 age 22 tel 090-111-XXXX
```

7.5 ファイル操作

PHP では、サーバにあるファイルにデータを書き込み、そのデータを読み込むことができます。ファイル操作を行うことで、Web アプリケーションに必要なデータを管理することができるようになり、保存したデータをもとにした使い勝手の良いアプリケーションを構築することが可能となります。

次の 7-7.php の例では、関数 file_get_contents を使って、外部ファイルの内容を変数に取り込んでいます。そして、取り込まれた文字列を画面上に表示しています。

fluits.txt では文字列の各行の最後に改行コード "\n" がありますが、HTML では改行コードは半角スペースに置き換えられるため、1 行で表示され、スペースが間に入ります。

URL http://localhost/web-dp/chapter7/7-7.php

PHP 7-7.php

```
1  <?php
2      $f = 'fluits.txt';
3      $str = file_get_contents($f);
4      print $str;
5  ?>
```

▼ 出力結果 ▼

```
apple orange banana
```

TXT chapter7/fluits.txt

```
1  apple（改行コード）
2  orange（改行コード）
3  banana（改行コード）
```

次の 7-8.php の例では、改行コード "\n" を '<br>' に変換することで、ブラウザ上で複数行の表示が可能となります。PHP では、JavaScript 同様に文字列を扱うときは、'（シングルクォーテーション）、"（ダブルクォーテーション）のいずれかを使用することができます。しかし、\n のように制御コードを含む文字の場合、"（ダブルクォーテーション）しか使うことができません。

7 サーバサイドプログラミング

URL http://localhost/web-dp/chapter7/7-8.php

PHP 7-8.php

```
<?php
    $f = 'fluits.txt';
    $str = file_get_contents($f);
    $str = str_replace("\n", '<br>', $str);
    print $str;
    // fluits.txt の改行コードを <br> に変換して内容が表示される。
?>
```

▼ 出力結果 ▼

```
apple
orange
banana
```

次の 7-9.php の例では、URL の最後に ?data=lemon のように記述し、プログラムを実行すると、file_put_contents 関数の第 3 引数が FILE_APPEND（追加モード）になっているため、fluits.txt に lemon という行が追加されます。data= が指定されていない場合は、「data が設定されていません。」と表示されます。

URL http://localhost/web-dp/chapter7/7-9.php?data=lemon

PHP 7-9.php

```
<?php
    if (isset($_GET['data'])) {
        $data = $_GET['data'] . "\n";
        file_put_contents('fluits.txt', $data, FILE_APPEND);
        print '追加しました。';
    }
    else {
        print 'data が設定されていません。';
    }
?>
```

TXT chapter7/fluits.txt（7-9.php **実行後**）

```
apple（改行コード）
orange（改行コード）
banana（改行コード）
lemon（改行コード）
```

次の 7-10.php の例では、以下の student.csv のようにカンマ区切りの学生情報のファイル（CSV 形式）があるとき、そのファイルを利用して、学生一覧を表示します。

CSV chapter7/student.csv

```
A0001,佐藤一郎,21（改行コード）
A0002,山田花子,20（改行コード）
A0003,鈴木太郎,19（改行コード）
A0004,田中愛子,22（改行コード）
```

URL http://localhost/web-dp/chapter7/7-10.php

PHP 7-10.php

```
1  <!DOCTYPE html>
2  <html>
3      <head>
4          <meta charset="utf-8">
5      </head>
6      <body>
7          学生情報 <br>
8  <?php
9      $ary = file('student.csv');
10     foreach($ary as $line) {
11         list($id, $name, $age) = explode(',', trim($line));
12         print $id . ' ' . $name . ' ' . $age . '歳 <br>';
13     }
14 ?>
15     </body>
16 </html>
```

▼ 出力結果 ▼

```
学生情報
A0001 佐藤一郎 21 歳
A0002 山田花子 20 歳
A0003 鈴木太郎 19 歳
A0004 田中愛子 22 歳
```

まず、関数 file により CSV ファイルを読み込み、1 行ずつ配列の要素にセットします。

```
$ary = file('sudent.csv');
```

その配列中の 1 行ずつの文字列を変数 $line とする処理を foreach 文で繰り返します。

次に、文字列を区切り文字（カンマ）で分割する関数 explode（JavaScript の split に相当する関数）を利用します。explode には「配列にセットするもの」と「list で指定した変数にセットするもの」の 2 種類がありますが、ここでは list で指定した変数を利用しています。

```
$ary = explode(',', $str);              //配列にセット
list($a, $b, $c) = explode(',', $ary);  //変数にセット
```

list($id, $name, $age) = explode(',', trim($line)); により、順番に $id, $name, $age に値をセットします。関数 trim は、改行やスペースなどの文字を除去するためのものです。

7.6 POST 送信

POST 送信とは、Web 画面上で入力した内容を Web サーバに送信する通信方式です。GET 送信では URL に追記することでパラメータ値（テキスト）のみを送信できましたが、POST 送信ではユーザの入力したテキストやチェック項目などの内容を送

信することができます。

7-11.php では、図 7.9 の下段の入力欄に学生番号、氏名、年齢を入力後、追加ボタンを押すと、その入力情報が CSV ファイルに最終行として追加されます。

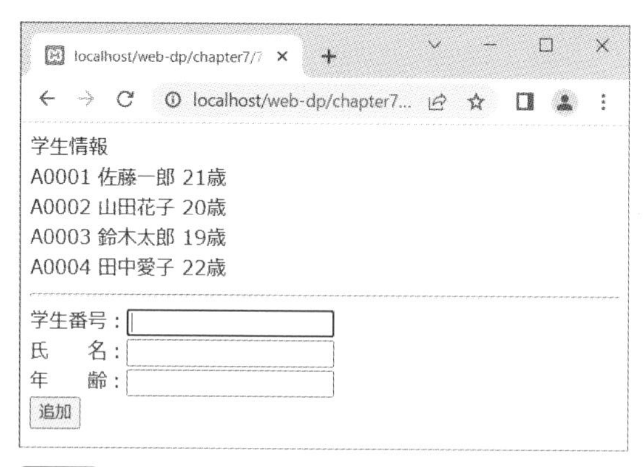

図7.9 学生情報の追加ページ

(A) では、form の中の method="post" により POST 送信を指定します。type="submit" のボタンを押すと、action= で定義したプログラム（7-11.php）が実行されます。

(B) では、form 内の <input> で入力したデータを $_POST['name 属性値'] により取得することができます。取得したデータが CSV ファイルの最終行に上書きモードで書き込まれます。

URL http://localhost/web-dp/chapter7/7-11.php

PHP 7-11.php

```
1  <?php
2      if (isset($_POST['id'])) {
3          $data = $_POST['id'] . ',';                  ・・・(B)
4          $data .= $_POST['name'] . ',';
5          $data .= $_POST['age'] . "\n";
6          file_put_contents('student.csv', $data, FILE_APPEND);
7      }
8  ?>
9  <!DOCTYPE html>
10 <html>
11     <head>
12         <meta charset="utf-8">
13     </head>
14     <body>
15         学生情報<br>
16 <?php
17     $ary = file('student.csv');
18     foreach($ary as $line) {
19         list($id, $name, $age) = explode(',', trim($line));
20         print $id . ' ' . $name . ' ' . $age . '歳<br>';
21     }
22 ?>
23         <hr>                                    ・・・(A)
24         <form name="form1" action="7-11.php" method="post">
25         学生番号：<input type="text" name="id"><br>
26         氏　　名：<input type="text" name="name"><br>
```

```
27            年    齢：<input type="text" name="age"><br>
28            <input type="submit" value="追加">
29            </form>
30        </body>
31    </html>
```

例題7

図 7.10 のように、数値を入力後に、判定のボタンを押すと、素数かどうかを判定して表示するプログラムを作成します。以下のプログラムの空欄を埋めてください。

図7.10 素数判定のページ

PHP 7-12.php

```
1   <!DOCTYPE html>
2   <html>
3       <head>
4           <meta charset="utf-8">
5       </head>
6       <body>
7           素数かどうかを判定したい数を入力してください。<br><br>
8           <form ①________="②__________" method="③________">
9           <input type="text" name="primeNumber">
10          <input type="submit" value="判定"><br>
11          </form>
12  <?php
13          if (isset(④________['⑤__________'])) {
14              $num = intval($_POST['primeNumber']);
15              if (primeNumber($num)) {
16                  print $num . 'は素数です。';
17              }
18              else {
19                  print $num . 'は素数ではありません。';
20              }
21          }
22          function primeNumber($num) {
23              if ($num<=1) return false;
24              $flag = true;
25              for($i=2; $i<$num; $i++) {  // 2以上で自分自身より小さい数に対して
26                  if ($num % $i == 0) {   // 割り切れる数がある場合は、
27                      $flag = ⑥______ ; // 素数ではない
28                      break;
29                  }
30              }
31              return $flag;
```

```
32          }
33  ?>
34      </body>
35  </html>
```

解説 判定ボタンを押したときに、自分自身（7-12.php）を呼び出す必要があるので、①～③部分は、<form action="7-12.php" method="post">となります。④、⑤部分は、ポスト送信のデータを取得する必要があるので、if (isset($_POST['primeNumber'])) {となります。最後に、⑥部分は、割り切れる場合は、関数primeNumberの戻り値をfalseにするため、falseをセットします。

＜答え＞ ① action ② 7-12.php ③ post ④ $_POST ⑤ primeNumber ⑥ false

練習7

以下の出力結果とプログラムが対応するように、空欄を埋めてください。

php ex7-1.php

```
1  <?php
2      $ary = ['A' , 100, 'XYZ'];
3      $a = '@';
4      foreach($ary as $d) {
5          $a .= $d;
6      }
7      ①_______ $a;
8  ?>
```

▼ 出力結果 ▼

②_______

php ex7-2.php

```
1  <?php
2      $data = 'not found';
3      if (③_______ ($_GET[④_______])){
4          $data = $_GET[④_______];
5      }
6      print $data;
7  ?>
```

▼ 出力結果 ▼

not found （URL の入力が ex7-2.php の場合）
ABCD （URL の入力が ex7-2.php?data=ABCD の場合）

php ex7-3.php

```
1  <?php
2      $data = 100;
3      if (③_______($_GET[④_______])){
4          $data = ⑤_______($_GET[④_______]);
5      }
6      print $data * ⑥_______;
7  ?>
```

▼ 出力結果 ▼

```
500 (URL の入力が ex7-3.php の場合)
50 (URL の入力が ex7-3.php?data=10 の場合)
```

php ex7-4.php

```
1 <?php
2     $txt = 'kumamon go! go!';
3     $txt = ⑦________('go', '行け', ⑧______);
4     print $txt;
5 ?>
```

▼ 出力結果 ▼

```
kumamon 行け! 行け!
```

php ex7-5.php

```
1 <?php
2     $str = 'kumamon' . "\n";
3     ⑨______________('character.txt', $str, ⑩______);
4     // 実行後
5     // character.txt に kumamon (改行) が追加される。
6 ?>
```

まとめ

この章では、サーバサイドプログラミングとして PHP を学びました。

- PHP は Web サーバ上で稼働するスクリプト型プログラミング言語です。
- 型宣言は必要なく、変数は $ で始まる英数字で表現します。複数の値を管理する場合は、配列と連想配列を利用します。以下に初期化とループの書式を示します。

種類	初期化	ループ
配列	$ary = array(); $ary = array(10, 20, 30); $ary = [10, 20, 30] ;	foreach($ary as $v) {・・・}
連想配列	$ary = array('name'=>'太郎', 'age'=>21); $ary = ['name'=>'太郎', 'age'=>21] ;	foreach($ary as $k => $v) {・・・}

- Web サーバ内のファイル書き込みや読み込みのための関数として、file_get_contents、file_put_contents、file が用意されています。
- GET 送信、POST 送信により、データを送信することができます。

送信名	送信方法
GET 送信	URL の末尾に「キー名 = 値 & キー名 = 値」を定義し、キー名と値の対を Web サーバに送信する。
POST 送信	Web 画面の form 要素、input 要素で指定した入力項目に対する値を Web サーバに送信する。

非同期通信 Ajax

はじめに

Formの情報などをサーバに送信して、結果を表示するWebページをPHPのみで構築する場合、サーバとの通信の際にWebブラウザの全体がリフレッシュ（再読み込み）されてしまい、スムーズな動きを実現できません。非同期通信Ajaxを利用することで、処理が完了したところのみのデータを受け取ることができるようになり、必要な部分のみを変更するような、よりアプリケーション的な処理が実現できるようになります。

ここでは、Webクライアント上で動作するJavaScriptから、サーバサイドのプログラムであるPHPを非同期通信Ajaxにより呼び出す方法について学びます。また、JSONファイルを使ったデータ送信方法について学びます。

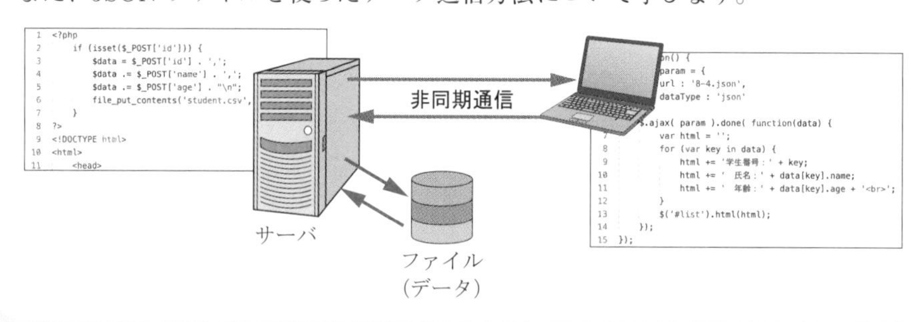

8 1 Ajaxとは

Ajax は Asynchronous JavaScript + XML の略語です。Asynchronous とは「非同期」の意味です。XML は Extensible Markup Language の略語で、HTML を拡張することのできるマークアップ言語ですが、ここでは、その XML の通信を行う XMLHttp Request（HTTP による通信を行うための JavaScript 組み込みクラス）の意味で使われています。XMLHttpRequest では、すでに読み込んだページからさらに HTTP リクエストを発することができ、ページ遷移することなしにデータの送受信が可能となります。

以前までの Web アプリケーションでは、サーバにリクエストを送信後、レスポンスを受け取ることで、新たな Web ページとして画面遷移が発生していました。Ajax では、**非同期通信**による XMLHttpRequest の技術を使うことで、動的にページの一部を書き換えることができ、画面遷移を行わない Web アプリケーションを実現しました。

Ajaxの登場により、Webアプリケーションの操作性が劇的に変化し、使い勝手の良いシステムが提供されるようになりました。例えば、ユーザがキーボードから入力をしている最中にサーバのデータを検索して、随時その結果を表示するような、デスクトップアプリケーションと遜色のないWebアプリケーションが実現可能となりました。代表例としては、Google MapやGmail、Calendarなどがあります。

Ajaxは、ブラウザの種類によりその実装方法が異なり、プログラムが複雑になるなどの課題もあります。その課題を解決するために、以下のようなAjax用アプリケーションフレームワークが利用可能となっています。

- Google Web Toolkit
- Prototype JavaScript Framework
  （Ruby on Railsで採用されていたが、3.1よりjQueryに変更）
- jQuery
- Spry（Adobe社は2012年に投資を中止）

本書では、jQueryを使ったAjaxの実装方法を説明します。

jQueryのAjaxは、以下のような書式になります。

```
var param = {
        url: 'test.php',              // アクセス先のurl
        type: 'get',                  // getかpostを指定
        data: {a: 'AAA', b: 'BBB'},   // 受け渡すデータ
        dataType: 'text'              // 応答データの種類
};
$.ajax( param ).done( function( txt ) {
        ・・・                       // 正常に終了した場合の処理
}).fail( function() {
        ・・・                       // エラーが発生した場合の処理
});
```

まず、paramという連想配列を作ります。キー名としてurl、type、data、dataTypeをそれぞれ定義します。urlには、サーバサイドで稼働するプログラムを定義します。ここではPHPのプログラムを指定しています。typeは通信方式を指定します。ここではGET通信を指定しています。GET通信は、urlの最後に？を付けて「キー名＝値&キー名＝値&・・・」の形式でやり取りを行うもので、次のdataで受け渡すデータを指定します。上の例では、test.php?a=AAA&b=BBBと同等の処理を指定しています。dataTypeは、成功したときに取得するデータの種類を指定します。dataTypeが'text'の場合は、通常の文字列を取得します。dataTypeには他に'html'や'json'などがあります。

次に、$.ajaxにより非同期通信を実行します。引数として変数paramをセットします。続けて.doneと.failという処理が入ります。これは、メソッドチェーン（93ページを参照）の手法を利用しています。.doneは正常にAjax通信が完了したときの処理で、引数の中に**無名関数**のfunction(txt) { }を定義します。正常に通信が完了すると、PHPプログラム側で出力された文字列がfunction(txt)の部分で指定した変数（ここではtxt）にセットされます。.failでは、指定したPHPファイルがサーバに存

在しないときなどの、Ajax 通信のエラー時に実行されます。

URL http://localhost/web-dp/chapter8/8-1.html

HTML 8-1.html

```
<!DOCTYPE html>
<html>
    <head>
        <meta charset="utf-8">
        <title>Web D&P 8-1</title>
        <script src="jquery-3.6.0.min.js"></script>
        <script src="8-1.js"></script>
    </head>
    <body>
        <h2>Ajax サンプル </h2>
        結果：<span id="kekka"></span>
    </body>
</html>
```

JQuery を利用するため、この行は必ず入れる

JS 8-1.js

```
$(function() {
    var param = {
        url: '8-1.php',
        type: 'get',
        data: {a: 100, b:200},
        dataType: 'text'
    };
    $.ajax( param ).done( function(txt) {
        $('#kekka').html(txt);
    }).fail(function(){
        alert('Ajax 通信でエラーが発生');
    });
});
```

PHP 8-1.php

```
<?php
    $a = $_GET['a'];
    $b = $_GET['b'];
    print 'a=' . $a . ' b=' . $b;
?>
```

8-1.php を実行すると、図 8.1 のように表示されます。8-1.html を呼び出すと、8-1.php により出力された結果「a=100 b=200」が id="kekka" 部分に表示されます。

図8.1 Ajax による表示

以下の 8-2.html と 8-2.js と 8-2.php は、テキストの入力欄が二つあり、そこに入力した文字列をもとに合計を計算して表示するプログラムです。キーボードを押して上げるタイミングで非同期通信 Ajax を呼ぶことで、ブラウザ側で入力した文字をもとに計算結果が送信され、id="kekka" 部分に表示されます。図 8.2 は表示例です。

URL http://localhost/web-dp/chapter8/8-2.html

HTML 8-2.html

```
     . . .
 9      <body>
10          <h2>Ajax サンプル </h2>
11          a: <input type="text" id="text-a"><br>
12          b: <input type="text" id="text-b"><br>
13          <br>
14          結果：<span id="kekka"></span>
15      </body>
     . . .
```

JS 8-2.js

```
 1  $(function() {
 2      $('#text-a').on('keyup', keisan);
 3      $('#text-b').on('keyup', keisan);
 4  });
 5
 6  function keisan() {
 7      var param = {
 8        url: '8-2.php',
 9        type: 'get',
10        data: {a: $('#text-a').val(), b: $('#text-b').val()},
11        dataType: 'text'
12      };
13      $.ajax( param ).done( function(txt) {
14        $('#kekka').html(txt);
15      }).fail(function(){
16        alert('Ajax 通信でエラーが発生 ');
17      });
18  }
```

PHP 8-2.php

```
1  <?php
2      $a = intval($_GET['a']);
3      $b = intval($_GET['b']);
4      print $a + $b;
5  ?>
```

CHECK

Ajax により画面の切り替え時に、全体をリフレッシュすることなしに、一部のみを変更することができます。これは「非同期送信」があることで実現できる手法です。サーバで複雑な計算をする場合に、随時クライアント側に状況を伝え、ブラウザの画面上に現在の状況が表示されるシステムは、安心感があるシステムといえます。

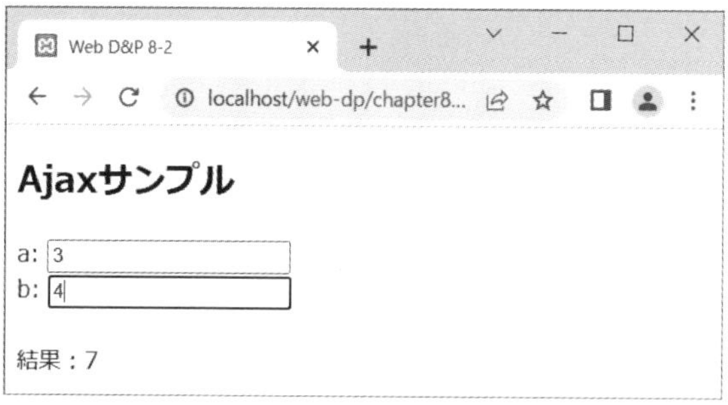
Web D&P 8-2
localhost/web-dp/chapter8...
Ajaxサンプル
a: 3
b: 4
結果：7

図8.2 Ajax による足し算

8 2 JSON ファイル

JavaScript の配列は文字列や数値を列挙するもので、連想配列はキーと値をもつものでした（5.1 節、5.3 節）。

```
var ary = ['文字列', 数値, …];
var obj = {キー名:'文字列', キー名:数値, …};
```

例えば、以下のような値を定義することができます。配列では

```
var ary = ['太郎', '次郎', 21, 19];
```

のように、連想配列では

```
var obj = { name:'太郎', age:21};
```

のように、連想配列の配列では

```
var ary = [{ name:'太郎', age:21}, { name:'次郎', age:19}];
```

のように値を定義します。

この配列と連想配列に似たものに、JSON（JavaScript Object Notation）というデータフォーマットがあります。JSON ファイルの書式は以下のようになります。配列の場合、

```
["文字列", 数値, …]
```

となり、連想配列の場合、

```
{"キー名" : "文字列", "キー名" : 数値, …}
```

となり、連想配列の配列の場合、

```
[{"キー名" : "文字列", "キー名" : 数値, …},{"キー名" : "文字列", "キー名" : 数
値, …}]
```

となります。
例えば、以下のような値を定義することができます。配列では

```
["太郎", "次郎", 21, 19]
```

のように、連想配列では

```
{"name" : "太郎", "age" : 21};
```

のように、連想配列の配列では

```
[{"name" : "太郎", "age" : 21}, {"name" : "次郎", "age" : 19}]
```

のように値を定義します。
値が文字列の場合は、"（ダブルクォーテーション）で囲みます。JavaScript で利用可能な'（シングルクォーテーション）を使用することはできません。また、連想配列において、キー名を指定する場合は、"（ダブルクォーテーション）で囲む必要があります。
値が数値の場合は、数字のみをセットします。
JSON ファイルでは、配列の最後の要素の後にカンマを付けてはいけません。JavaScript の配列では利用可能ですが、JSON では認識されませんので、注意が必要です。
8-3.js に JavaScript の連想配列を、8-3.json に JSON 形式のファイルを示します。

JS 8-3.js

```
1 var data = {
2     'A0001':{name:'佐藤一郎', age:21},
3     'A0002':{name:'山田花子', age:20},
4     'A0003':{name:'鈴木太郎', age:19},
5     'A0004':{name:'田中愛子', age:22}
6 };
```

JSON 8-3.json

```
1 {
2     "A0001":{"name":"佐藤一郎","age":21},
3     "A0002":{"name":"山田花子","age":20},
4     "A0003":{"name":"鈴木太郎","age":19},
5     "A0004":{"name":"田中愛子","age":22}
6 }
```

以下の例（8-4.html、8-4.js、8-4.json）では、Ajax 通信を使って JSON ファイルを読み込みます。Ajax に渡すパラメータの dataType を 'json' とします。非同期通信が成功すると、変数 data に JSON ファイルの内容が連想配列としてセットされます。連想配列のループ処理である for-in ループを使ってキー名に対する氏名と年齢の文字列を取得し、id="list" の div タグに出力します。ブラウザ表示は図 8.3 のようになります。

URL http://localhost/web-dp/chapter8/8-4.html

HTML 8-4.html

```
 . . .
 9    <body>
10        Ajax サンプル
11        <div id="list"></div>
12    </body>
 . . .
```

JS 8-4.js

```
 1 $(function() {
 2     var param = {
 3         url : '8-4.json',
 4         dataType : 'json'
 5     }
 6     $.ajax( param ).done( function(data) {
 7         var html = '';
 8         for (var key in data) {
 9             html += '学生番号：' + key;
10             html += '　氏名：' + data[key].name;
11             html += '　年齢：' + data[key].age + '<br>';
12         }
13         $('#list').html(html);
14     });
15 });
```

JSON 8-4.json

```
1 {
2     "A0001":{"name":"佐藤一郎","age":21},
3     "A0002":{"name":"山田花子","age":20},
4     "A0003":{"name":"鈴木太郎","age":19},
5     "A0004":{"name":"田中愛子","age":22}
6 }
```

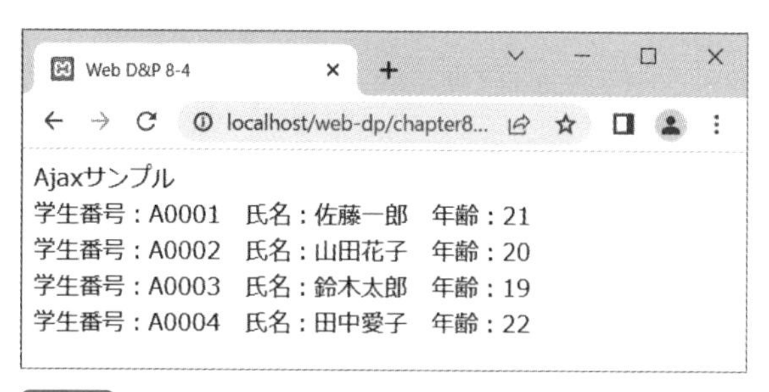

図8.3 Webブラウザの画面

次の8-5.html、8-5.js、8-5.phpは、PHPプログラム内で作成した連想配列をJSON形式のデータに変換し、Ajaxで読み込む例です。出力結果は8-4.htmlと同じです。

8-5.phpでは、$aryという連想配列が定義されています。この連想配列に関数json_encodeを呼び出すことで、JSON形式の文字列にすることができます。日本語（漢字コード）を扱う場合は、JSON_UNESCAPED_UNICODEを指定します。

URL http://localhost/web-dp/chapter8/8-5.html

HTML 8-5.html

```
. . .
9   <body>
10      Ajax サンプル
11      <div id="list"></div>
12  </body>
. . .
```

JS 8-5.js

```
1  $(function() {
2      var param = {
3          url : '8-5.php',
4          dataType : 'json'
5      }
6      $.ajax( param ).done( function(data) {
7          var html = '';
8          for (var key in data) {
9              html += '学生番号：' + key;
10             html += '　氏名：' + data[key].name;
11             html += '　年齢：' + data[key].age + '<br>';
12         }
13         $('#list').html(html);
14     });
15 });
```

PHP 8-5.php

```
1  <?php
2      $ary = ["A0001" => ["name"=>"佐藤一郎", "age"=>21],
3              "A0002" => ["name"=>"山田花子", "age"=>20],
4              "A0003" => ["name"=>"鈴木太郎", "age"=>19],
5              "A0004" => ["name"=>"田中愛子", "age"=>22] ];
6      print json_encode($ary, JSON_UNESCAPED_UNICODE);
7  ?>
```

8 3 Ajax と PHP によるデータの保存と格納の例

Ajax と PHP を使って、データの保存・格納を行う例を紹介します。ユーザによる入力が Ajax を通して Web サーバに渡され、データが格納されることにより、次回にサイトにアクセスしたときに、入力した内容を反映させることが可能となります。

8-6.html を実行すると、図 8.4 のように、「プログラムコンテストのご案内」のタイトルの次に、課題の説明があり、「開催日時」と「場所」が表示されます。その下に、「現在の参加者」があります。これは、8.6.html の中で `<div id="list"></div>` というタグを入れ (A)、ブラウザ起動時に Ajax を利用してサーバの contest.csv よりデータを取得し、表の形で参加者を表示させます。「申し込み」の見出しの下には、学生番号、氏名、開発言語の入力欄と「登録」ボタンを用意しています (B)。

URL http://localhost/web-dp/chapter8/8-6.html

HTML 8-6.html

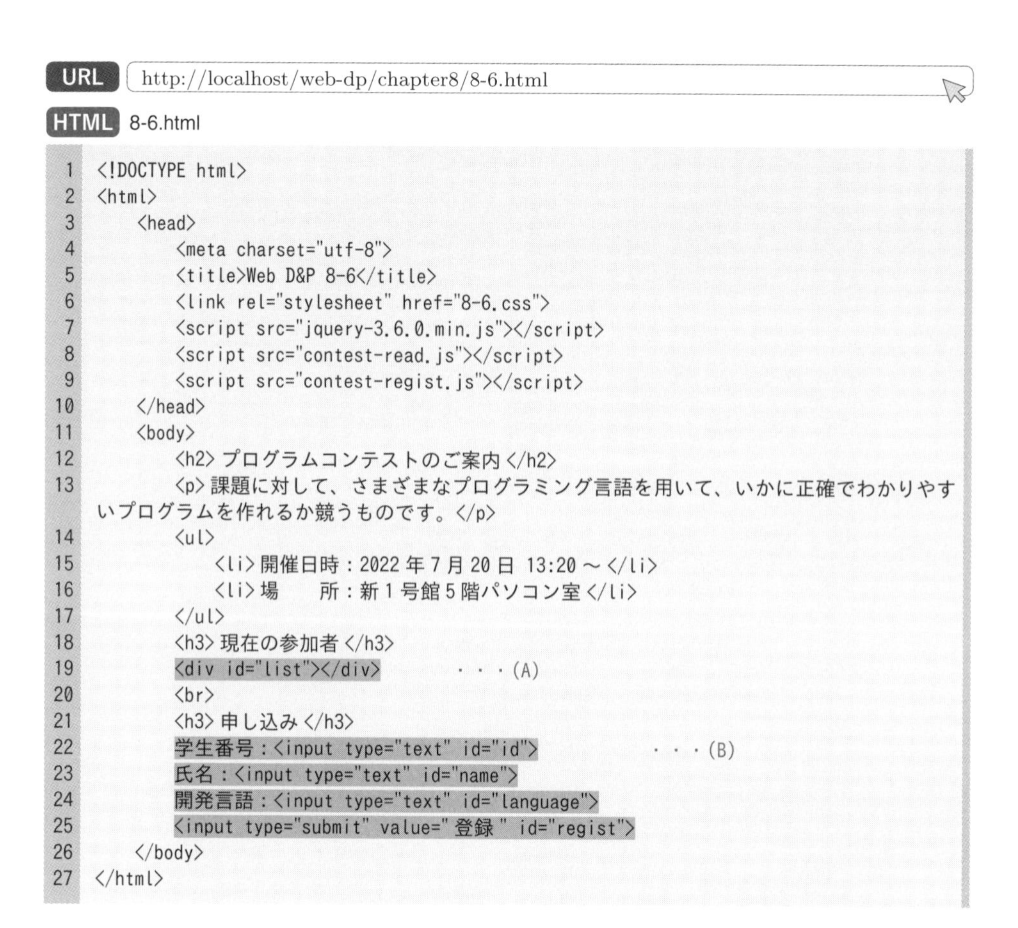

```
1  <!DOCTYPE html>
2  <html>
3      <head>
4          <meta charset="utf-8">
5          <title>Web D&P 8-6</title>
6          <link rel="stylesheet" href="8-6.css">
7          <script src="jquery-3.6.0.min.js"></script>
8          <script src="contest-read.js"></script>
9          <script src="contest-regist.js"></script>
10     </head>
11     <body>
12         <h2> プログラムコンテストのご案内 </h2>
13         <p> 課題に対して、さまざまなプログラミング言語を用いて、いかに正確でわかりやす
いプログラムを作れるか競うものです。</p>
14         <ul>
15             <li> 開催日時：2022 年 7 月 20 日 13:20 ～ </li>
16             <li> 場　　所：新 1 号館 5 階パソコン室 </li>
17         </ul>
18         <h3> 現在の参加者 </h3>
19         <div id="list"></div>                    ・・・(A)
20         <br>
21         <h3> 申し込み </h3>
22         学生番号：<input type="text" id="id">                    ・・・(B)
23         氏名：<input type="text" id="name">
24         開発言語：<input type="text" id="language">
25         <input type="submit" value=" 登録 " id="regist">
26     </body>
27 </html>
```

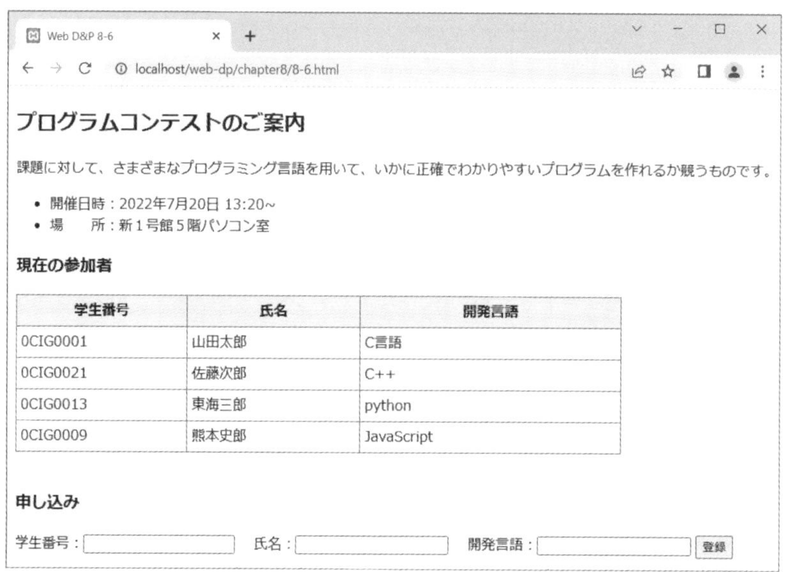

図8.4 Web ブラウザの画面

contest-read.js では、ブラウザの起動直後に、Ajax により contest-read.php を呼び出し、取得した配列 ary により、学生番号、氏名、開発言語を表の形で表示します。

contest-read.php が出力するデータは、JSON 形式と指定していますが、キー名があ

る連想配列ではなく、通常の配列の形式をしています。そのため、for-of ループを使って、値にアクセスし (A)、data という変数で処理します。変数 data は学生番号、氏名、開発言語の三つのデータを配列で構成したもので、それぞれ data[0]、data[1]、data[2] により値を取得し (B)、変数 html に、表を表示するための文字列を生成していきます。

最後に、$('#list').html(html) により、変数 html を id="list" の部分に出力するよう指示します (C)。

JS chapter8/contest-read.js

```
1  $(function() {
2      var param = {
3          url : 'contest-read.php',
4          dataType : 'json'
5      };
6      $.ajax( param ).done( function(ary) {
7          var html = '<table>';
8          html += '<tr><th> 学生番号 </th><th> 氏名 </th><th> 開発言語 </th><tr>';
9          for (var data of ary) {               ・・・(A)
10             html += '<tr>';
11             html += '<td class="id">' + data[0] + '</td>';
12             html += '<td class="name">' + data[1] + '</td>';
13             html += '<td class="language">' + data[2] + '</td>';
14             html += '</tr>';                   ・・・(B)
15         }
16         html += '</table>';
17         $('#list').html(html);                ・・・(C)
18     });
19 });
```

contest-read.php では、contest.csv ファイルを読み込み、1 行ずつを配列に格納する関数 file を使用します。foreach により、配列を順にループさせ、1 行分のデータを $line という変数で処理します。関数 trim は、改行コードなどの不要な文字列を除去するためのものです。不要な文字列を除去後に、explode により文字列をカンマ区切りで分割し、配列 $data にセットします。配列 $ary は、最初は空の配列ですが、関数 array_push により、配列 $data を要素として追加していきます。$ary は「配列の配列」の形式となります。

最後に、関数 json_encode により、$ary を JSON 形式にエンコードしたものを出力します。日本語（漢字コード）を扱う場合は JSON_UNESCAPED_UNICODE を設定します。

PHP chapter8/contest-read.php

```
1  <?php
2      $ary = array();
3      foreach(file('contest.csv') as $line) {
4          $data = explode(',', trim($line));
5          array_push($ary, $data);
6      }
7      print json_encode($ary, JSON_UNESCAPED_UNICODE);
8  ?>
```

contest.csvは、以下のようなカンマで区切られたテキストファイルです。学生番号、氏名、開発言語がカンマで区切られて順に配置され、行の最後に改行コードが入ります。

CSV chapter8/contest.csv

```
1  0CIG0001,山田太郎,C言語（改行）
2  0CIG0021,佐藤次郎,C++（改行）
3  0CIG0013,東海三郎,python（改行）
4  0CIG0009,熊本史郎,JavaScript（改行）
```

HTMLファイル内には、CSSファイルとして8-6.cssが指定されています。

以下の8-6.cssでは、最初に*セレクターにより、定義全体に対して、box-sizing属性としてborder-boxを指定します。これにより、幅などのサイズの指定をpadding要素の影響を受けずに定義することができます。

次に、contest-read.jsファイルの(C)部分で生成した表に対して、CSSを定義します。表の枠線の形状や色を指定します。border-collapseでは、表の枠線を2重に表現するのではなく、1本の線で表現するように指定します。表の枠線は1pxのグレー色の実線を指定しています。表の内側の余白（padding）として5pxを指定しています。表の見出し部分（thタグ）には、背景色として#f0f0f0を指定します。

表のtdタグの中には、class="id"、class="name"、class="language"が定義されています。CSSとして、それぞれのタグに対応する.id、.name、.languageを定義し、width属性により表の幅を設定します。学生番号（.id）と氏名（.name）部分は200pxとし、開発言語（.language）部分は300pxとします。

CSV 8-6.css

```
1  * {
2      box-sizing: border-box;
3  }
4
5  #list table {
6      border-collapse: collapse;
7  }
8
9  #list table tr td,
10 #list table tr th {
11     border: 1px solid gray;
12     padding: 5px;
13 }
14
15 #list table tr th {
16     background: #f0f0f0;
17 }
18
19 .id {
20     width: 200px;
21 }
22
23 .name {
24     width: 200px;
```

```
25 }
26
27 .language {
28     width: 300px;
29 }
```

次に、「登録」ボタンを押したときの処理を説明します。8-6.html では、id="regist" で定義された「登録」ボタンが用意されています。contest-regist.js では、ボタンを押したときの処理を $('#regist').on('click'... により定義します。この定義は、ブラウザが表示を終えた後に定義する必要があるため、$(function() { の中に定義します。

id、name、language という三つの変数にユーザが入力した文字列をセットし (A)、Ajax のパラメータの data に渡します (B)。

Ajax が正常に終了すると、location.reload() を使って (C)、画面をリロードすることで、最新の状態を表示させます。

JS chapter8/contest-regist.js

```
1  $(function() {
2      $('#regist').on('click', function() {
3          var id = $('#id').val();
4          var name = $('#name').val();
5          var language = $('#language').val();                · · · (A)
6          var ajaxParam = {
7              url : 'contest-regist.php',
8              type: 'get',
9              data: {id:id, name:name, language:language}        · · · (B)
10         }
11         $.ajax( ajaxParam ).done(function() {
12             location.reload();  · · · (C)
13         });
14     });
15 });
```

contest-regist.php では、GET 送信のパラメータである id と name と language を、$_GET 配列により取得します (A)。この値をカンマ区切りの 1 行のデータ（最後は改行で終わる）にして、$out という変数に代入し (B)、FILE_APPEND を指定して、追加モードで contest.csv ファイルに 1 行分として $out を追加します (C)。

これにより、入力欄に学生番号、氏名、開発言語を入力後に「登録」ボタンを押すと、1 行が追加された表が表示されます。

PHP chapter8/contest-regist.php

```
1  <?php
2      $id = $_GET['id'];
3      $name = $_GET['name'];                · · · (A)
4      $language = $_GET['language'];
5      $out = $id . ',' . $name . ',' . $language . "\n";          · · · (B)
6      file_put_contents('contest.csv', $out, FILE_APPEND);        · · · (C)
7  ?>
```

8 非同期通信 Ajax

練習8

次の出力結果を参考に、プログラムの空欄を埋めてください。

HTML ex8.html

```
 ...
 9     <body>
10         この下に PHP で計算した結果が表示されます。<br>
11         <div id="result"></div>
12     </body>
 ...
```

JS ex8.js

```
 1 $(function() {
 2     var param = {
 3         url: ①________,
 4         type: 'get',
 5         ②________: {x:100, y:③______},
 6         dataType: 'text'
 7     };
 8     $.ajax( ④________ ).done( function(txt) {
 9         $(⑤________ ).⑥________(⑦______);
10     });
11 });
```

PHP ex8.php

```
1 <?php
2     $x = ⑧______(⑨______['x']);
3     $y = ⑧______(⑨______['y']);
4
5     $ret = $x * $y;
6
7     ⑩______   $ret;
8 ?>
```

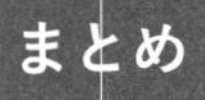

まとめ

この章では、非同期通信 Ajax について学びました。

- Ajax は、ブラウザ上で稼働する JavaScript からサーバサイドのプログラムを実行し、非同期によるデータのやり取りを行うものです。

```
var param = {url:'test.php', type:'get', data:{a:'AA'}, dataType: 'text'};
$.ajax(param).done(function(txt) {・・・});
```

- PHP の連想配列と親和性のある JSON ファイルフォーマット

```
{ "A0001": {"name": "山田花子", "age":21},
  "A0001": {"name": "鈴木一郎", "age":20} }
```

- Ajax で JSON ファイル形式を指定したり、PHP プログラムの出力時に関数 json_encode を利用したりすることで、効率の良いデータの受け渡しが可能となります。

8 非同期通信 Ajax

Chapter 9 グラフィック描画

はじめに

Chapter 8までの処理では文字情報や画像の貼り付けはできますが、図形（線や四角形など）を表現することはできません。

ここでは、再びクライアント側の話に戻って、HTML5よりサポートされているCanvasを使った描画方法について、基本的な定義方法を学びます。これにより、Canvas内にグラフィックス機能を使った図形の描画ができるようになります。

ここまで
画像は、
あらかじめ用意してお
いたものを貼るだけ

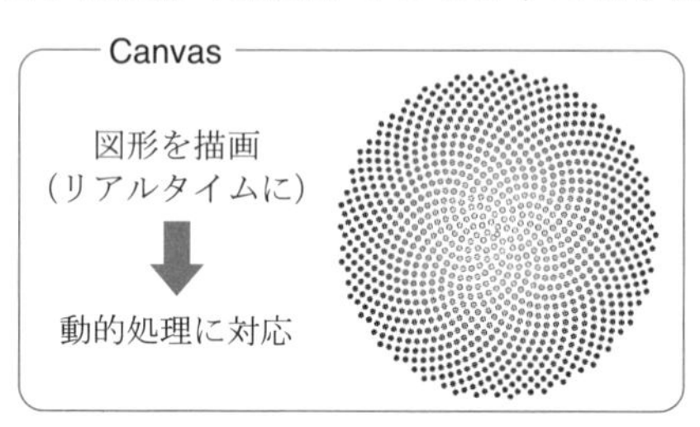

9-1 Canvasによる描画

HTML5よりWeb上でグラフィックによる描画が可能となりました。<canvas>というタグを使って定義を行います。canvasタグにはid属性を定義します。この名前をJavaScriptにより取得することで、この位置にグラフィックスによる描画が行われます。また、widthおよびheight属性によりCanvas領域の幅と高さを指定します。例えば、次のように記述します。

```
<canvas id="canvas" width="500px" height="300px">
```

JavaScriptでは、HTMLで定義したcanvasタグに対して描画を行います。プログラムの最初に

```
var elem = document.getElementById('canvas');
var w = elem.width;
var h = elem.height;

var ctx = elem.getContext('2d');
ctx.clearRect(0, 0, w, h);        // 左上xy座標と幅・高さ
```

と記述します。これはCanvas領域の取得と初期化です。HTMLのidが'canvas'である要素をelemという変数で取得し、width属性、height属性により領域の幅、高さを

取得します。作図領域を getContext('2d') により取得し、変数 ctx にさまざまなメソッドを呼ぶことで、作図処理を実現します。clearRect は、引数で指定した領域（ここでは左上から Canvas 領域の幅と高さ）のデータをすべて消去します。

長方形を作図する場合は、図形の塗り潰しの色と線の色・太さを指定したうえで、以下のようにして fillRect と strokeRect メソッドを呼びます。fillRect メソッドにより塗り潰しを、strokeRect メソッドにより線を作図します。

```
ctx.fillStyle = 塗り潰しの色;
ctx.fillRect(x 座標, y 座標, 幅, 高さ);

ctx.strokeStyle = 線の色;
ctx.lineWidth = 線の太さ;
ctx.strokeRect(x 座標, y 座標, 幅, 高さ);
```

9-1.html と 9-1.js は、長方形の枠線と内部の色や透明度を変え、位置をずらしながら描画する例です。

HTML 9-1.html

```
1  <!DOCTYPE html>
2  <html>
3      <head>
4          <meta charset="utf-8">
5          <title>Web D&P 9-1</title>
6          <script src="9-1.js"></script>
7      </head>
8      <body onload="draw()" style="background-color:#f0f0f0;">
9          <canvas id="canvas" width="600px" height="350px"></canvas>
10     </body>
11 </html>
```

JS 9-1.js

```
1  function draw() {
2      var elem = document.getElementById('canvas');
3      var w = elem.width;
4      var h = elem.height;
5
6      var ctx = elem.getContext('2d');
7      ctx.clearRect(0, 0, w, h);                       // ①
8
9      ctx.fillStyle = '#ffffff';
10     ctx.fillRect(0, 0, w, h);                        // ②
11
12     ctx.fillStyle = 'deepskyblue';
13     ctx.fillRect(50, 50, 300, 150);                  // ③
14
15     ctx.fillStyle = 'rgba(0, 255, 255, 0.5)';
16     ctx.fillRect(150, 100, 300, 150);                // ④
17
18     ctx.strokeStyle = 'blue';
19     ctx.lineWidth = 10;
20     ctx.strokeRect(150, 100, 300, 150);              // ⑤
21
22     ctx.strokeStyle = 'rbg(0,0,0)';
```

```
23      ctx.lineWidth = 10;
24      ctx.strokeRect(250, 150, 300, 150);         // ⑥
25  }
```

9-1.jsでは、①Canvasの領域全体を初期化し、②領域全体を白色で塗り潰しています。その後、③塗り潰しのみの長方形（左上）、④半透明の塗り潰しと⑤太さが10pxで青色の枠線からなる長方形（中央）、⑥黒色の枠線のみからなる長方形（右下）を描画しています。ブラウザでの表示は図9.1のようになります。

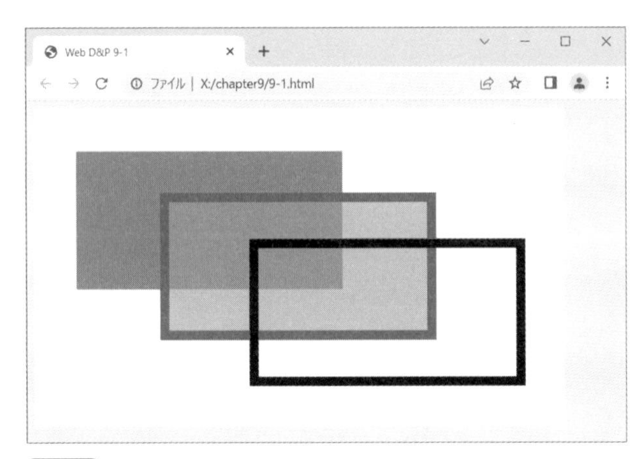

図9.1 色の指定方法

座標は、左上が原点で、x軸は右に行くほど大きい値をとりますが、y軸（縦）は下に行くほど大きい値をとります。数学のグラフの軸とは異なるので注意が必要です。

色は、表9.1の3種類のいずれかで指定します。

表9.1 色の指定

指定法	例
色の文字列	'red'、'blue'、'orange'
RGBの三つの16進数	'#ff0000'、'#0000ff'、'#ffa500'
RGBの三つの10進数	'rgb(255,0,0)'、'rgb(0,0,255)'、'rgb(255,165,0)'

すべて文字列として指定する点に注意してください。半透明の色を指定する場合は、rgbaを用い、四つ目の値を0～1の範囲で指定します。0に近い値のとき薄い色になります。例えば、'rgba(0, 0, 255, 0.5)'と記述すると、半透明の青色になります。

Canvasの図形には、長方形、線分、折れ線、多角形、円弧（円）や文字列などがあります。表9.2にそれぞれの指定方法をまとめます。

それぞれの図形は、beginPath()メソッドを最初に宣言し、moveTo()、lineTo()、arc()メソッドで位置を指定します。その後、stroke()メソッドにより線を、fill()メソッドにより塗り潰し部分を描画します。多角形において、閉じる図形を作図する場合は、closePath()メソッドをstroke()の前に呼び出します。

表9.2 図形の描画方法

図形	指定方法

線分	ctx.beginPath();
	ctx.moveTo(始点 X 座標， 始点 Y 座標);
	ctx.lineTo(終点 X 座標， 終点 Y 座標);
	ctx.stroke();

折れ線	ctx.beginPath();
	ctx.moveTo(1 点目 X 座標， 1 点目 Y 座標);
	ctx.lineTo(2 点目 X 座標， 2 点目 Y 座標);
	ctx.lineTo(3 点目 X 座標， 3 点目 Y 座標);
	ctx.stroke();

多角形	ctx.beginPath();
	ctx.moveTo(1 点目 X 座標， 1 点目 Y 座標);
	ctx.lineTo(2 点目 X 座標， 2 点目 Y 座標);
	ctx.lineTo(3 点目 X 座標， 3 点目 Y 座標);
	ctx.closePath(); // 閉じる図形を作るとき
	ctx.stroke();
	ctx.fill();

円弧（円）	ctx.beginPath();
	ctx.arc(中心の X 座標，中心の Y 座標，半径，
	開始角度（ラジアン），終了角度（ラジアン），
	周り方向（true で反時計回り、false で時計回り））;
	ctx.fill();
	ctx.stroke();

文字列	ctx.font = ' フォントサイズ フォントスタイル '; ctx.textBaseline = 'alphabetic'; (初期値) 'top' 'middle' 'bottom' を指定可能 ctx.textAlign = 'start'; (初期値) 左から右へ文字を書く場合は 'left' と同じ 'left' 'center' 'right' 'end' を指定可能 ctx.fillText(文字列， X 座標， Y 座標); （文字本体） ctx.strokeText(文字列， X 座標， Y 座標); (文字の輪郭)

次に、9-2.js では、6 行目で初期化を行い、9 行目で Canvas 領域内を白色で塗りつぶします。12 行目、18 行目、26 行目では、文字、円、多角形を描画します（図 9.2）

JS 9-2.js

```
1  function draw() {
2      var canvas = document.getElementById('canvas');
3      var width = canvas.width;
4      var height = canvas.height;
5
6      var ctx = canvas.getContext('2d');            // 初期化
7      ctx.clearRect(0, 0, width, height);
8
9      ctx.fillStyle = 'white';                      // 領域内を白色で塗りつぶす
10     ctx.fillRect(0,0, width, height);
11
12     ctx.font = '30px Arial';                      // 文字の描画
13     ctx.textBaseline = 'middle';
14     ctx.textAlign = 'center';
15     ctx.fillStyle = 'black';
16     ctx.fillText('Web デザイン＆プログラミング', width/2, 40);
17
```

```
18        ctx.fillStyle = 'black';                          // 円の描画
19        ctx.strokeStyle = 'lightgray';
20        ctx.lineWidth = 10;
21        ctx.beginPath();
22        ctx.arc(200, 200, 80, 0, 2*Math.PI, false);
23        ctx.fill();
24        ctx.stroke();
25
26        var points = [                                      // 多角形の描画
27           {x:400, y:250},
28           {x:500, y:150},
29           {x:600, y:150},
30           {x:700, y:250},
31        ];
32        ctx.fillStyle = 'rgb(219, 239, 251)';
33        ctx.strokeStyle = '#72c1ec';
34        ctx.lineWidth = 15;
35        ctx.beginPath();
36        var first = true;
37        for (var pt of points) {
38           if (first) {
39              ctx.moveTo(pt.x, pt.y);
40              first = false;
41           }
42           else {
43              ctx.lineTo(pt.x, pt.y);
44           }
45        }
46        ctx.closePath();
47        ctx.fill();
48        ctx.stroke();
49     }
```

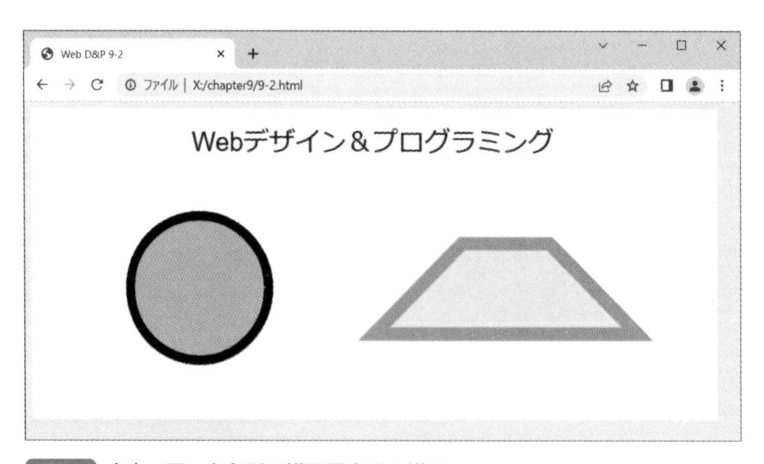

図9.2 文字、円、多角形の描画長方形の描画

9-2 Canvas の幅・高さを可変にする

これまでの例では、Canvas のサイズ（幅、高さ）は、HTML 内で定義していました。<canvas width="500px" height="300px"> のように固定のサイズで処理をする場合はこの方法が使えますが、ウィンドウのサイズに応じて Canvas のサイズを決める場合

は、この方法を使うことができません。ここでは、HTML に <div> タグを用意し、その中に canvas タグを配置し、親要素である <div> のサイズを引き継ぐことで、サイズを柔軟に指定する方法を説明します。

9-3.js では、offsetWidth() と offsetHeight() メソッドにより、親要素の container の幅と高さを取得し、Canvas 要素の幅と高さを設置することで、親要素のサイズを Canvas 要素に引き継ぎます。このようにすることで、図 9.3 のように、ウィンドウのサイズに応じて図形を描画できるようになります。

なお、Windows においてはスクロールバーが表示されてしまい、ウィンドウいっぱいを領域として使用することができません。そのため、(A) のスタイルを指定することで、スクロールバーを非表示にするようにしています。

HTML 9-3.html

```
1  <!DOCTYPE html>
2  <html>
3      <head>
4          <meta charset="utf-8">
5          <title>Web D&P 9-3</title>
6          <script src="9-3.js"></script>
7          <style>
8              body::-webkit-scrollbar {
9                  display: none;            ・・・(A)
10             }
11         </style>
12     </head>
13     <body onload="draw()" onresize="draw()" style="margin:0;">
14         <div id="container" style="width:100vw;height:100vh;">
15             <canvas id="canvas"></canvas>
16         </div>
17     </body>
18 </html>
```

JS 9-3.js

```
1  function draw() {
2      var container = document.getElementById('container');
3      var width = container.offsetWidth;
4      var height = container.offsetHeight;
5
6      var canvas = document.getElementById('canvas');
7      canvas.width = width;
8      canvas.height = height;
9
10     var ctx = canvas.getContext('2d');
11     ctx.clearRect(0, 0, width, height);
12
13     ctx.fillStyle = 'blue';
14     ctx.fillRect(50, 50, width-100, height-100);
15 }
```

9 グラフィック描画

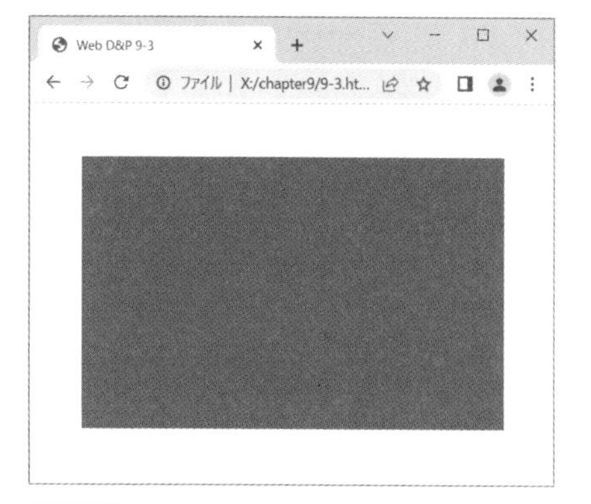

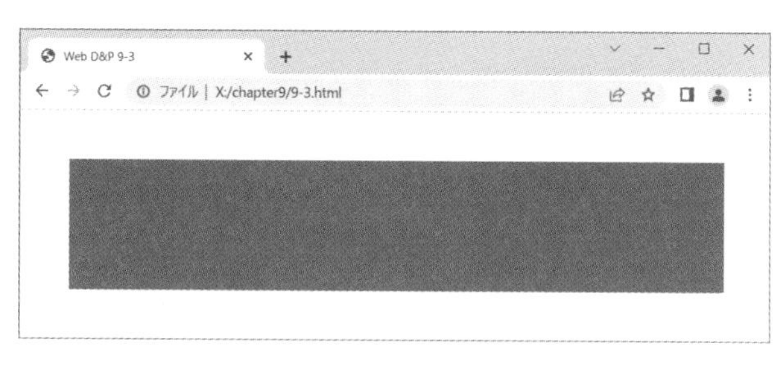

図9.3 ウィンドウのサイズに応じて図形を描画

例題9

Canvasのグラフィックス機能を用いて、気温の折れ線グラフを作図します。図9.4に示すサイズ指定に注意して、プログラムの空欄を埋めてください。

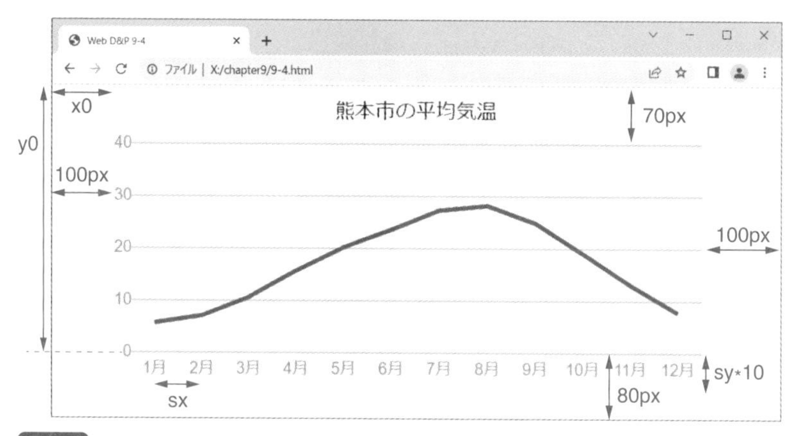

図9.4 気温の折れ線グラフ

HTML 9-4.html

```
    . . .
13      <body onload="draw()" onresize="draw()" style="margin:0;">
14          <div id="container" style="width:100vw;height:100vh;">
15              <canvas id="canvas"></canvas>
16          </div>
17      </body>
    . . .
```

JS 9-4.js

```
1  var data = [5.7, 7.1, 10.6, 15.7, 20.2, 23.6, 27.3, 28.2, 24.9, 19.1, 13.1, 7.8];
2                                                   // 気温の配列
3  var x0, y0, sx, sy;                              // グローバル変数
4
```

```
5  function draw() {
6      var container = document.getElementById('container');
7      var width = container.offsetWidth;
8      var height = container.offsetHeight;
9      var canvas = document.getElementById('canvas');
10     canvas.width = width;
11     canvas.height = height;
12     var ctx = canvas.getContext('2d');
13     ctx.clearRect(0, 0, width, height);
14     ctx.font = '25px Arial';
15     ctx.textBaseline = 'top';
16     ctx.textAlign = 'center';
17     ctx.fillStyle = 'black';
18     ctx.fillText('熊本市の平均気温', width/2, 20); // タイトルを描画
19     x0 = 100;                           // グラフの横線の左側位置
20     y0 = height - 80;                   // グラフの下の位置
21     sx = (width-200) / 12;              // スケール (X 方向)
22     sy = (height-150) / 40;             // スケール (Y 方向)
23     drawHorizontalLine(ctx, width);     // 温度の横線を描画
24     drawTemperature(ctx, 'blue', 5);    // 気温を描画
25     drawMonth(ctx);                     // 月の名称を描画
26 }
27 // 温度の横線を描画の関数を定義
28 function drawHorizontalLine(ctx, width) {
29     ctx.lineWidth = 1;
30     ctx.strokeStyle = 'gray';
31     ctx.textBaseline = 'middle';
32     ctx.fillStyle = 'gray';
33     ctx.font = '20px Arial';
34     for(i=0; i<=40; i+=10) {         // 温度 0 から 40 度まで数値と横線を作図
35        var y = y0 - i*sy;
36        ctx.beginPath();
37        ctx.moveTo(x0, y);
38        ctx.lineTo(width-x0, y);      // 横線を描画
39        ctx.stroke();
40        ctx.textAlign = 'right';
41        ctx.fillText(i, x0, y);       // 温度の文字列を描画
42     }
43 }
44 // 月名の描画関数を定義
45 function drawMonth(ctx) {
46     ctx.fillStyle = 'gray';
47     ctx.textAlign = 'center';
48     ctx.textBaseline = 'top';
49     ctx.font = '20px Arial';
50     for (m=0; m<12; m++) {           // 月の名称の文字列を描画
51        var x = x0 + (m+0.5) * sx;
52        var y = y0 + 10;
53        ctx.①________ ((m+1) + '月', x, y);
54     }
55 }
56 // 折れ線グラフ描画の関数を定義
57 function drawTemperature(ctx, color, lineWidth) {
58     ctx.lineWidth = lineWidth;
59     ctx.strokeStyle = color;
60     ctx.②________;
61     for (m=0; m<12; m++) {                // 折れ線の作図
62        var x = x0 + (m+0.5) * sx;
63        var y = y0 - data[m] * sy;
64        if (m==0) ctx.③________(x, y);  // 移動
```

9 グラフィック描画

```
65          else     ctx.④_________(x, y);  // 作図
66      }
67      ctx.⑤_________;
68  }
```

解説 図 9.4 に示すように、横線の左右の余白を 100px とし、変数 x0 に設定します。0 度の横線を下から 80px とし、変数 y0 に設定します。40 度の上を 70px とします。sx、sy をスケールのための変数として設定します。グローバル変数は x0=100、y0=height-80、sx=(width-200)/12、sy=(height-150)/40 となります。

①では月名の文字列を作図しているので、fillText が入ります。fillText は文字の塗り潰し部分を描画するもので、文字の縁の線を描画する場合は strokeText を使用します。

②では折れ線の描画の開始を宣言するために、beginPath() を指定します。for ループの中で、m が 0 のとき③ moveTo、それ以外のとき④ lineTo を指定します。最後に、⑤ stroke() を指定することで、折れ線が描画されます。

＜答え＞ ① fillText ② beginPath() ③ moveTo ④ lineTo ⑤ stroke()

練習9

下図の出力結果となるように、プログラムの空欄を埋めてください。

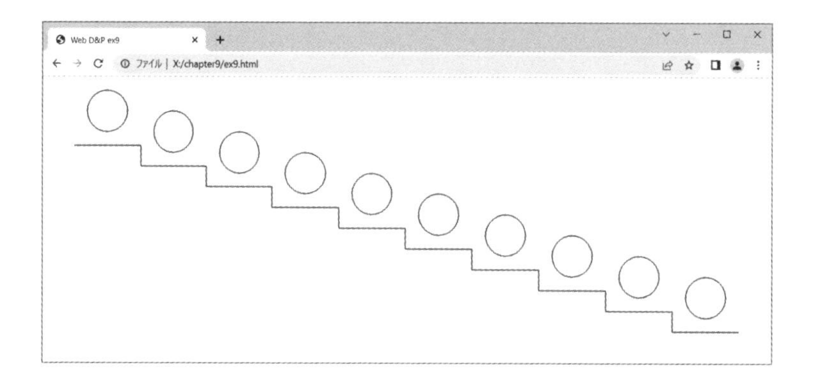

HTML ex9.html

```
    . . .
13      <body onload="draw()" onresize="draw()" style="margin:0;">
14          <div id="container" style="width:100vw;height:100vh;">
15              <canvas id="canvas"></canvas>
16          </div>
17      </body>
    . . .
```

JS ex9.js

```
1   function draw() {
2       var container = document.①_________('container');
3       var w = container.offsetWidth;
4       var h = container.offsetHeight;
5       var elem = document.①_________('canvas');
6       ②_________ = w;
```

```
 7      ③__________ = h;
 8
 9      var ctx = elem.getContext('2d');
10      ctx.clearRect(0, 0, ④________, ⑤________);
11
12      ctx.beginPath();
13      for(var i=0; i<10; i++) {
14          var x = 50+i*100;
15          var y = 100+i*30;
16          if (i==0) {
17              ⑥_________( x, y );
18          }
19          else {
20              ⑦_________( x, y );
21          }
22          ctx.lineTo( x+100, y );
23      }
24      ⑧________();
25
26
27      for(var i=0; i<10; i++) {
28          ctx.beginPath();
29          ctx.⑨_________( 100+i*100, 50+i*30, 30, 0, ⑩________ , false );
30          ctx.stroke();
31      }
32  }
```


まとめ

この章では、グラフィックス機能を使った描画方法ついて学びました。

- グラフィックスを使用するには、HTMLで以下を記述します。

  `<canvas id="canvas" width="500px" height="300px">`

- JavaScriptでは、canvasの要素を取得し、描画のためのcontexを取得します。

  ```
  var elem = document.getElementById('canvas');
  var ctx = elem.getContex('2d');
  ```

- 変数ctxに対して属性としてstrokeStyle（線色）、lineWidth（線の太さ）、fillStyle（塗り潰し色）を指定します。
- 変数ctxに対して以下のメソッドを実行します。

メソッド	書式	内容

多角形の描画	ctx.beginPath();
	ctx.moveTo(x座標, y座標);
	ctx.lineTo(x座標, y座標);
	ctx.stroke();
	ctx.fill();
		描画の開始
		移動する点を設定
		作図する点を設定
		枠線作図
		塗り潰し作図

長方形	ctx.strokeRect(x座標, y座標, 幅, 高さ); ctx.fillRect(x座標, y座標, 幅, 高さ);	枠線作図 塗り潰し作図
文字	ctx.strokeText(文字列, x座標, y座標); ctx.fillText(文字列, x座標, y座標);	文字の輪郭の作図 文字本体の作図

Chapter 10 スケジュール管理アプリ

はじめに

ここでは、これまでに学んだ内容を組み合わせて、スケジュールを管理するWebアプリケーションを制作します。月単位のカレンダーを表示し、クリックした日の予定を入力するとデータベースにデータが格納され、月のカレンダーにも内容が表示されるというアプリケーションです。

10.1 ～ 10.3 節でベースとなる手法として、サーバサイドに配置されたCSVファイルの読み込み方法、データベースSQLiteの基本的な操作方法とPHPによるアクセス方法を学びます。そして、10.4 節以降に、これらを利用してアプリケーションの全体を制作します。このアプリケーションの制作を経て、Webアプリケーションの構築の全体像を掴めるようになっているはずです。

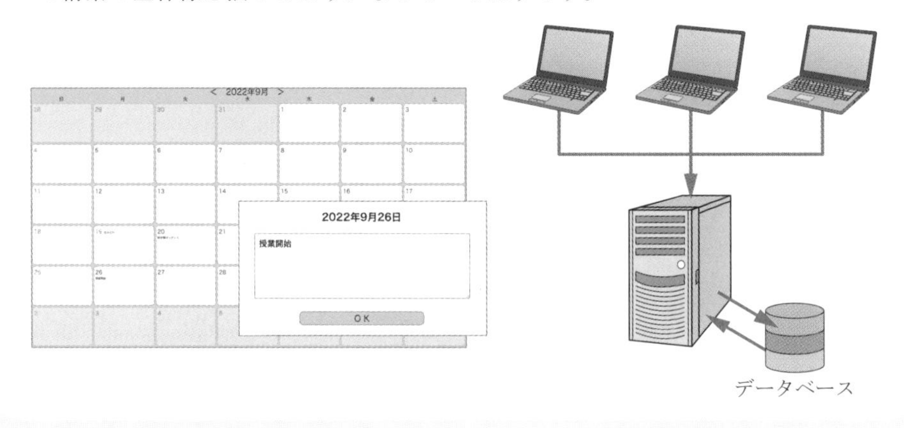

10.1 CSV ファイルの利用

Webサーバ上に保存されたCSVファイルを利用して、ブラウザに表示するプログラムを作成します。Ajaxを利用して、サーバサイドのPHPプログラムを指定し、取得した内容を表示します（図 10.1）。

10-1.csv は、2022年の日付と祝日のデータとして、日付と祝日の名称をカンマで区切った形式とします。10-1.html では、Ajax により 10-1.php をサーバサイドで実行し、10-1.csv を1行ずつ調べて、祝日として指定された日の祝日名称を取得し、表示します。

また、10-1.html では JavaScript プログラム 10-1.js を指定し、10-1.js では `$(function () {・・・});` により、ブラウザがロードされた直後の動きを設定します。

Ajax により 10-1.php をサーバサイドで実行します。get タイプの通信を行い、`date`

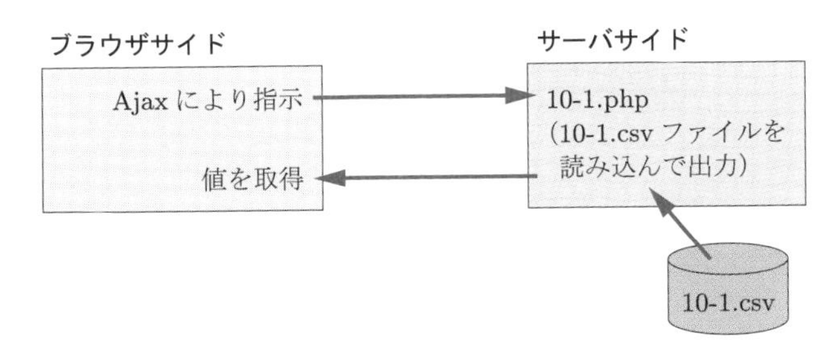

図10.1 CSVファイルの読み込み

として、'2022/5/5'を指定します。取得データは'text'とします。

10-1.phpでは、file('10-1.csv')によりファイルの内容を行単位の配列にセットします。これを関数foreachにより、$lineとして一つずつ取り出していきます。次の関数explodeにより、カンマを区切り文字として$dateと$nameに分割します。次のif文により、受け渡されたデータを$_GET['date']により取得し、これが$dateと同じ場合、祝日名称($name)を出力します。

この結果、画面上には2022/5/5の検索結果として、「こどもの日」が出力されます。

CSV 10-1.csv

```
1  2022/1/1, 元日
2  2022/1/10, 成人の日
3  2022/2/11, 建国記念の日
4  2022/2/23, 天皇誕生日
5  2022/3/21, 春分の日
6  2022/4/29, 昭和の日
7  2022/5/3, 憲法記念日
8  2022/5/4, みどりの日
9  2022/5/5, こどもの日
    ・・・
```

HTML 10-1.html

```
1  <!DOCTYPE html>
2  <html>
3      <head>
4          <meta charset="utf-8">
5          <script src="jquery-3.6.0.min.js"></script>
6          <script src="10-1.js"></script>
7      </head>
8      <body>
9      </body>
10 </html>
```

JS 10-1.js

```
1  $(function() {
2      var param = {
3          url: '10-1.php',
4          type: 'get',
5          data: {date:'2022/5/5'},
6          dataType: 'text'
7      }
```

```
8      $.ajax(param).done( function( txt ){
9          document.write(txt);
10     });
11 });
```

PHP 10-1.php

```
1  <?php
2      foreach(file('10-1.csv') as $line) {
3          list($date, $name) = explode(',', trim($line));
4          if ($date == $_GET['date']) {
5              print $name;
6              exit();
7          }
8      }
9  ?>
```

▼ 出力結果 ▼

```
こどもの日
```

10-2.html では、JavaScript プログラム 10-2.js を指定します。

10-2.js では、10-1.js と同様に、Ajax を使って 10-2.php をサーバサイドで実行します。GET 通信を行い、start として '2022-04-01'、end として '2022-05-31' を指定します。これは、4 月 1 日から 5 月 31 日までの 2 ヶ月間のデータを取得することを意味します。

10-2.php では、まず、timezone を 'Asia/Tokyo' に設定します。date('Y-m-d', strtotime($date)); により、祝日の日付形式を '2022/4/29' から '2022-04-29' の形に変換します。'Y-m-d' は、0 を埋めた形で年数を 4 桁、月を 2 桁、日を 2 桁で表現します。桁数を揃えることで、if ($date>=$_GET['start'] && $date<=$_GET['end']) により、開催日と終了日の間のデータを絞り込むことができます。

HTML 10-2.html（変更点のみ記載）

```
   . . .
6          <script src="10-2.js"></script>
   . . .
```

JS 10-2.js

```
1  $(function() {
2      var param = {
3          url: '10-2.php',
4          type: 'get',
5          data: {start:'2022-04-01', end:'2022-05-31'},
6          dataType: 'json'
7      }
8      $.ajax(param).done( function( obj ){
9          for (var date in obj) {
10             document.write(date+' '+obj[date]+'<br>');
11         }
12     });
13 });
```

PHP 10-2.php

```
1  <?php
2      date_default_timezone_set('Asia/Tokyo');
3      $obj = array();
4      foreach(file('11-1.csv') as $line) {
5          $ary = explode(',', trim($line));
6          list($date, $name) = explode(',', trim($line));
7          $date = date('Y-m-d', strtotime( $date ));
8          if ($date>=$_GET['start'] && $date<=$_GET['end']) {
9              $obj += array($date=>$name);
10         }
11     }
12     print json_encode($obj, JSON_UNESCAPED_UNICODE);
13 ?>
```

▼ 出力結果 ▼

```
2022-04-29 昭和の日
2022-05-03 憲法記念日
2022-05-04 みどりの日
2022-05-05 こどもの日
```

10 2 SQLite

(1) SQLite のインストール

データベースを利用するための準備を行います。本書では、データベースとしてSQLite を使います。Windows の場合はインストールが必要です。https://www.sqlite.org/ よりライブラリをダウンロードします（図 10.2）。macOS の場合は最初からインストールされているので、(2) の「データベースの実行とテーブル作成」までスキップしてください。

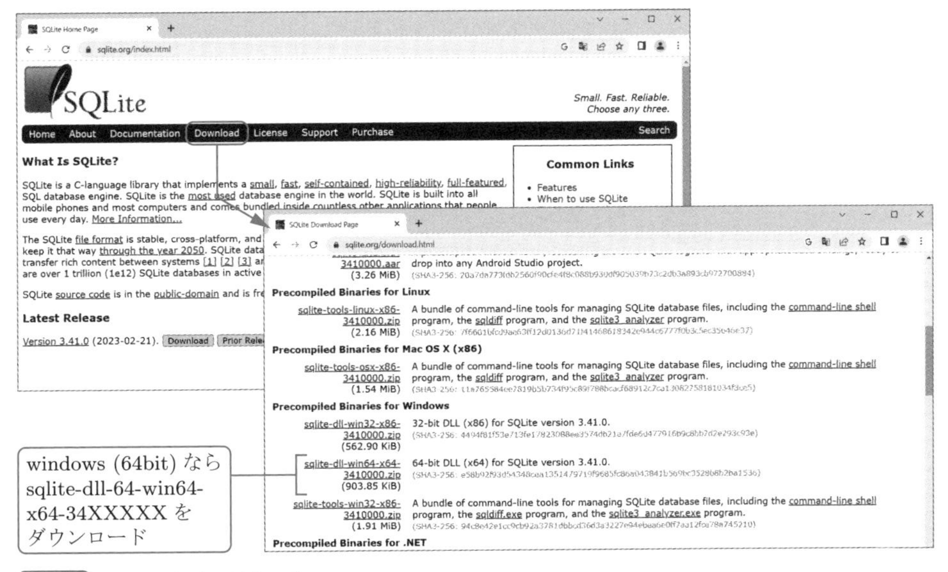

図10.2 SQLite のインストール

まず、PHP などで SQLite を実行するための sqlite-dll-64-win64-x64-3410000.zip（バージョンは 2023 年 3 月現在）をダウンロードし、「すべて解凍」し、dll ファイルをコピーし、C:¥Windows¥system32 の中に貼り付けます（図 10.3）。

図10.3 SQLite の DLL ファイル

次に、SQLite をコマンドラインで実行するための ZIP ファイル（sqlite-tools-win32-x86-3410000.zip）をダウンロードします。ZIP ファイルを「すべて展開」し、C:¥ の直下にフォルダ「sqlite3」を作成します。解凍したファイル「sqlite3.exe」「sqldiff.exe」「sqlite3_analyzer.exe」をコピーし、C:¥sqlite3 フォルダの中に貼り付けます（図 10.4）。

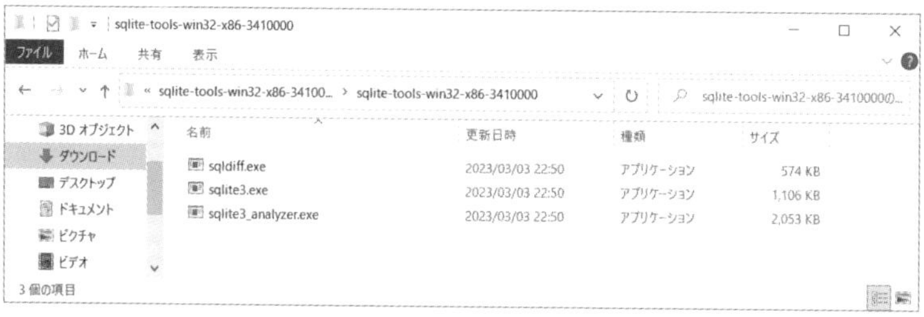

図10.4 SQLite の実行ファイル

Windows の場合、「ファイル名を指定して実行」より「cmd」とタイプし、「コマンドプロンプト」を立ち上げます。コマンドプロンプトの中で以下のようにタイプし、フォルダを C:¥xampp¥htdocs¥web-dp¥chapter10 に移動して、SQLite を実行します。

```
cd ¥xampp¥htdocs¥web-dp¥chapter10
¥sqlite3¥sqlite3
```

(2) データベースの実行とテーブル作成

新しいデータベースを構築します。以下のようにコマンドを入力し、実行します。

`.open --new 10-3.db` で、新規のデータベースを作成します。すでに 10-3.db がある場合も新規で作成します。既存のデータベースを利用する場合は、`--new` を付けないでオープンします。

`create table` で、テーブルを作成します。テーブル名は `schedule` で、カラムとして、`date` と `title` を設定します。

(3) データの挿入

insert into で、データを挿入します。date を "2022-05-10"、title を " 実験レポート締切 " とします。同様に二つのデータを挿入します。

```
sqlite> .open --new 10-3.db（既存のDBファイルをオープンする場合は --new を付けない）
sqlite> create table schedule (date, title);
sqlite> insert into schedule (date, title) values('2022-05-10', '実験レポート締切');
sqlite> insert into schedule (date, title) values('2022-05-16', '数学小テスト');
sqlite> insert into schedule (date, title) values('2022-05-25', 'プログラミング課題提出
');
```

すべてのデータを表示するために、select 文で検索します。次の行以降に、登録されているすべてのデータが表示されます。

```
sqlite> select * from schedule;
2022-05-10|実験レポート締切
2022-05-16|数学小テスト
2022-05-25|プログラミング課題提出
```

where 節を使い、2022 年 5 月 10 日の予定のみ表示させることもできます。

```
sqlite> select * from schedule where date='2022-05-10';
2022-05-10|実験レポート締切
```

(4) データの更新

データを更新するには、update 文を使います。

```
sqlite> update schedule set title='数学小テスト1' where date='2022-05-16';
```

更新後に select 文を実行すると、データが変更されていることを確認できます。

```
sqlite> select * from schedule;
2022-05-10|実験レポート締切
2022-05-16|数学小テスト1
2022-05-25|プログラミング課題提出
```

(5) データの削除

データを削除するには、delete 文を使います。

```
sqlite> delete from schedule where date="2022-05-16";
```

削除後のデータを select 文で確認すると、以下のようになっています。

```
sqlite> select * from schedule;
2022-05-10|実験レポート締切
2022-05-25|プログラミング課題提出
```

(6) SQLite の終了

sqlite を終了するには、「.exit」とタイプします。

```
sqlite> .exit
```

10-3 PHP による SQLite へのアクセス

PHP から SQLite のデータにアクセスすることができます。

10-3.php では、データベース 10-3.db にアクセスし、schedule テーブルのすべてのデータを検索して表示します。URL 欄に以下をタイプして実行します。

URL http://localhost/web-dp/chapter10/10-3.php

PHP 10-3.php

```
1  <?php
2      $pdo = new PDO('sqlite:10-3.db');
3      $stmt = $pdo->prepare('SELECT date, title FROM schedule');
4      $stmt->execute();
5      $result = $stmt->fetchAll();
6      foreach($result as $row) {
7          print $row['date'] . ' ' . $row['title'] . '<br>';
8      }
9  ?>
```

▼ 出力結果 ▼

```
2022-05-10 実験レポート締切
2022-05-25 プログラミング課題提出
```

同様に、10-4.php では、データ挿入後、値を変更し、削除する動きを見ることができます。挿入・更新・削除の完了時に、require 文で 10-3.php を呼び出して、値を表示します。

macOS で、挿入・更新・削除のようにデータベースを更新する場合は、以下のように、DB ファイルと DB ファイルのあるフォルダのパーミッションを書き込み可に変更する必要があります。

```
$cd /Application/XAMPP/xamppfiles/htdocs/web-dp
$chmod 777 chapter10
$chmod 777 chapter10/10-3.db
```

PHP 10-4.php

```
1  <?php
2      $pdo = new PDO('sqlite:10-3.db');
3      $pdo->beginTransaction();
4      $stmt = $pdo->prepare('insert into schedule (date, title) values("2022-05-28", "プ
   ログラミング")');
5      $stmt->execute();
6      $pdo->commit();
7      require '10-3.php';
8      print '<br>';
9      $pdo->beginTransaction();
10     $stmt = $pdo->prepare('update schedule set title = "プログラミング演習" where
   date="2022-05-28"');
11     $stmt->execute();
12     $pdo->commit();
13     require '10-3.php';
```

```
14    print '<br>';
15    $pdo->begiTransaction();
16    $stmt = $pdo->prepare('delete from schedule where date="2022-05-28"');
17    $stmt->execute();
18    $pdo->commit();
19    require '10-3.php';
20 ?>
```

▼ 出力結果 ▼

```
2022-05-10 実験レポート締切
2022-05-25 プログラミング課題提出
2022-05-28 プログラミング

2022-05-10 実験レポート締切
2022-05-25 プログラミング課題提出
2022-05-28 プログラミング演習

2022-05-10 実験レポート締切
2022-05-25 プログラミング課題提出
```

次に、JavaScriptによるデータベースの値を取得する方法を示します。JavaScriptからサーバサイドのデータにアクセスするために、Ajaxを利用します。

10-5.htmlでは、10-5.jsを呼び出し、その中でAjaxにより10-5.phpを呼び出しています。10-5.phpでは、JSON形式のデータを生成し、出力します(A)。JavaScript側では、その値を連想配列として受け取ることができます。for-inループにより、指定した日付のスケジュールデータを表示します(B)。

URL http://localhost/web-dp/chapter10/10-5.html

HTML 10-5.html

```
1  <!DOCTYPE html>
2  <html>
3      <head>
4          <meta charset="utf-8">
5          <script src="jquery-3.6.0.min.js"></script>
6          <script src="10-5.js"></script>
7      </head>
8      <body>
9      </body>
10 </html>
```

JS 10-5.js

```
1  $(function() {
2      var param = {
3          url: '10-5.php',
4          type: 'get',
5          dataType: 'json'
6      }
7      $.ajax(param).done( function( obj ){
8          for (var date in obj) {                          ・・・(B)
9              document.write(date+' '+obj[date]+'<br>');
10         }
```

```
    });
});
```

PHP 10-5.php

```php
<?php
    $pdo = new PDO('sqlite:10-3.db');
    $stmt = $pdo->prepare('SELECT date, title FROM schedule');
    $stmt->execute();
    $result = $stmt->fetchAll();
    $obj = array();
    foreach($result as $row) {
        $obj += array($row['date']=>$row['title']);
    }
    print json_encode($obj, JSON_UNESCAPED_UNICODE);    ・・・(A)
?>
```

▼ 出力結果 ▼

```
2022-05-10 実験レポート締切
2022-05-25 プログラミング課題提出
```

出力結果は、データベースの現在の値によって異なります。

10 4 祝日データ（CSV ファイル）の取得

ここまで、例題 2、例題 4-5、例題 5-3、例題 6-2 で月間カレンダーを作成してきました。例題 6-2 では、連想配列に定義されたスケジュールデータをカレンダーの該当する日付の枠の中に配置するところまでを実装しました。

ここでは、これに加えて、図 10.5 のように祝日を追加します。

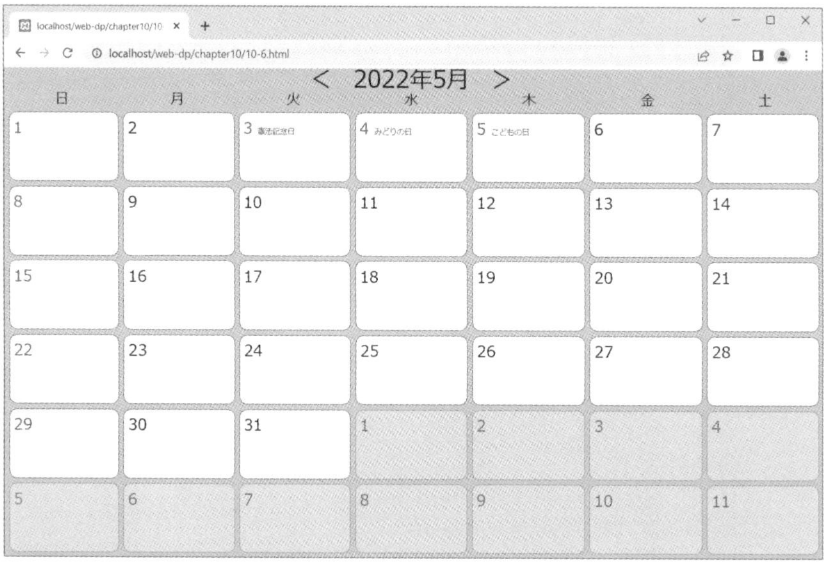

図10.5 祝日表示付きのカレンダー

10-6.html の id="title" 部分には、上部の＜○○○○年○○月＞部分と曜日が追加されています（10-6.js の (C) 部分）。id="calendar" 部分には、カレンダー本体が表示されます。

HTML 10-6.html

```
1  <!DOCTYPE html>
2  <html>
3      <head>
4          <meta charset="utf-8">
5          <link rel="stylesheet" href="10-6.css">
6          <script src="jquery-3.6.0.min.js"></script>
7          <script src="10-6.js"></script>
8      </head>
9      <body>
10         <div id="title"></div>
11         <div id="calendar"></div>
12     </body>
13 </html>
```

例題 6-2 では draw が表示関数でしたが、今回は drawCalendar が全体の表示関数です。ここで、Ajax を利用して、祝日のデータを取得したうえで関数 draw を呼び出しています。

JS 10-6.js

```
1  let year, month;
2
3  $(function() {
4      drawCalendar( new Date() );
5  });
6
7  function drawCalendar( now ) {
8      year = now.getFullYear();
9      month = now.getMonth();
10     const firstDay = new Date(year, month, 1);
11     const start = dateFormat(new Date(year, month, 1-firstDay.getDay()));   (A)
12     const end = dateFormat(new Date(year, month, 1-firstDay.getDay()+41));
13     const param1 = {
14         url: 'holiday.php',
15         type: 'get',
16         data: {start: start, end: end},
17         dataType: 'json'
18     }
19     $.ajax(param1).done( function(holiday) {
20         draw( holiday );
21     });
22 }
23
24 function dateFormat( dt ) {   (B)
25     let year = dt.getFullYear();
26     let month = dt.getMonth()+1;
27     let date = dt.getDate();
28     return year + '-' + ('0'+month).slice(-2) + '-' + ('0'+date).slice(-2);
29 }
30
```

```
31  function draw( holiday ) {
32      let title = '<span id="prev-month">＜</span>  ';
33      title += year + '年' + (month+1) + '月';
34      title += '  <span id="next-month">＞</span>';
35      title += '<div id="youbi"><div>日</div><div>月</div>';   (C)
36      title += '<div>火</div><div>水</div><div>木</div>';
37      title += '<div>金</div><div>土</div></div>';
38      $('#title').html(title);
        . . .
53      for(let date in holiday) {                                                        (D)
54          if (date == strDate) {
55              s += ' <span class="holiday-text">' + holiday[date] +  '</span>';
56              className += ' holiday';
57          }
58      }
        . . .
```

変数 start は、その月の1日から曜日番号を引くことで、第1週の日曜（カレンダーの左上）の日付を計算します。start と end は、カレンダーの左上、右下の日付です。この範囲の祝日データを取得します（10-6.js の (A) 部分）。

関数 dateFormat（(B) 部分）を使い、0埋めの日付（例：2022-05-10）に変換後、Ajax により start と end の日付を holiday.php に渡して、祝日データを取得します。

PHP chapter10/holiday.php

```
1   <?php
2       date_defalt_timezone_set('Asia/Tokyo');
3       $start = $_GET['start'];
4       $end = $_GET['end'];
5       $obj = array();
6       foreach(file('https://www8.cao.go.jp/chosei/shukujitsu/syukujitsu.csv') as $line ){
7           $line = mb_convert_encoding($line, 'utf-8', 'sjis-win');
8           list($date, $name) = explode(',', trim($line));
9           $date = date('Y-m-d', strtotime( $date ));
10          if ($date>=$start && $date<=$end) {
11              $obj += array($date=>$name);
12          }
13      }
14      print json_encode($obj, JSON_UNESCAPED_UNICODE);
15  ?>
```

holiday.php の foreach の中では、関数 file により CSV ファイルを読み込みます。ここで指定をしている CSV ファイルは、総務省のホームページの祝日データです。1955年1月からの祝日のデータが保存されています（2022年現在、2023年末までのデータ）。ファイルが見つからない場合は、データフォルダに入れてあるファイルを利用するか、総務省のページより類似の CSV ファイルをダウンロードしてください。

データフォルダを利用する場合は、6行目は以下のようになります。

```
foreach(file('syukujitsu.csv') as $line ){
```

総務省で用意している祝日の CSV ファイルは、文字エンコードが Shift-JIS なので、UTF-8 に変換する必要があります。データは西暦の4桁の数字と月、日を / で繋いだ形式となっています。/ は後で利用する JSON ファイルへの変換で制御コードが発生してしまうため、PHP の日付関数により、'Y-m-d' 形式（4 桁の西暦年 - 月（0 埋め）- 日（0 埋め））に変換した文字列を $date にセットします。

変数 $obj は、連想配列です。$obj = array(); で初期化します。if 文で $date が $start と $end の間の場合、$obj += array($date=>$name); により連想配列の要素を追加します。

最後に、json_encode($obj, JSON_UNESCAPED_UNICODE); により、マルチバイト Unicode 文字をそのままの形式で扱う指定を入れて、連想配列から JSON 形式にエンコードします。

10-6.js では、Ajax により取得した連想配列 holiday を使って、カレンダー内に祝日を表示します（10-6.js の (D) 部分）。

10 5 スケジュール（SQLite データ）の取得

10-7.html では、10-7.js によりカレンダーを表示します。10-7.js は、Ajax により schedule.php を呼び、データベースより JSON 形式でスケジュールデータを取得します。このデータをもとに、(A) 部分でカレンダー内にスケジュールを表示します。

HTML 10-7.html

```
1  <!DOCTYPE html>
2  <html>
3      <head>
4          <meta charset="utf-8">
5          <link rel="stylesheet" href="10-7.css">
6          <script src="jquery-3.6.0.min.js"></script>
7          <script src="10-7.js"></script>
8      </head>
9      <body>
10         <div id="title"></div>
11         <div id="calendar"></div>
12     </body>
13 </html>
```

JS 10-7.js

```
1  let year, month;
2  
3  $(function() {
4      drawCalendar( new Date() );
5  });
6  
7  function drawCalendar( now ) {
8      year = now.getFullYear();
9      month = now.getMonth();
10     const firstDay = new Date(year, month, 1);
11     const start = dateFormat( new Date(year, month, 1-firstDay.getDay()) );
12     const end = dateFormat( new Date(year, month, 1-firstDay.getDay()+41) );
13     const param1 = {
14         url: 'holiday.php',
```

```
15          type: 'get',
16          data: {start: start, end: end},
17          dataType: 'json'
18      }
19      $.ajax(param1).done( function(holiday) {
20          const param2 = {
21              url: 'schedule.php',
22              type: 'get',
23              data: {start: start, end: end},
24              dataType: 'json'
25          }
26          $.ajax(param2).done( function(schedule) {
27              draw( holiday, schedule );
28          });
29      });
30  }
    . . .
39  function draw( holiday, schedule ) {
        . . .
50      for(let i=1; i<=42; i++) {
            . . .
67          for(let date in schedule) {                                · · · (A)
68              if (date == strDate) {
69                  s += '<div class="schedule-text">' + schedule[date] +  '</div>';
70              }
71          }
72          html += '<div class="' + className + '" ';
73          html += 'id="'+ y + '-' + (m+1) + '-' + d + '">';
74          html += s;
75          html += '</div>';
76      }
77
78      $('#calendar').html(html);
        . . .
87  }
```

schedule.php では、scheduleAll.php と同様に、calendar.db の内容を select 文で検索しますが、ここでは、where 節を使って条件を指定します。:start と :end には、bindValue メソッドにより、Ajax で渡された検索開始日、検索終了日をセットし、検索を実行します。検索結果を日付をキーに、スケジュールデータを値にもつ連想配列としてセットします。最後に、JSON 形式に変換して出力します。

PHP chapter10/schedule.php

```
1  <?php
2      $start = $_GET['start'];
3      $end = $_GET['end'];
4
5      $pdo = new PDO('sqlite:calendar.db');
6      $stmt = $pdo->prepare('SELECT date, title FROM schedule WHERE date >= :start AND
   date <= :end');
7      $stmt->bindValue(':start', $start, PDO::PARAM_STR);
8      $stmt->bindValue(':end', $end, PDO::PARAM_STR);
9      $stmt->execute();
10     $result = $stmt->fetchAll();
11     $obj = array();
12     foreach($result as $row) {
```

```
13            $obj += array( $row['date']=>$row['title'] );
14        }
15        print json_encode($obj, JSON_UNESCAPED_UNICODE);
16    ?>
```

10 6 スケジュール管理アプリの完成

最後に、index.html をメインファイルとして、これまでに作成した各種プログラムファイルを修正して、最終的なプログラム群を完成させます。

スケジュール管理アプリのソースプログラムは、全部で八つのファイルから構成されます。ファイルは chapter10 フォルダにあります。以下より実行結果を確認することができます。

URL http://localhost/web-dp/chapter10

- index.html ・・・メインの HTML
- style.css ・・・スタイルシート
- calendar.js ・・・カレンダー、祝日、スケジュールを表示
- schedule.php ・・・スケジュールデータの取得（154 ページ）
- holiday.php ・・・祝日データの取得（152 ページ）
- scheduleEdit.php ・・・スケジュール編集ページ
- scheduleEdit.css ・・・スケジュール編集ページのスタイルシート
- scheduleUpdate.php ・・・スケジュールデータの更新

10-7.js を修正して、最終的な JavaScript ファイル calendar.js を作成します。calendar.js は関数 draw の後半で、'click' イベント時に関数 windowOpen が実行されます。ここでは、クリックされた id 名を prop メソッドで取得し、それを calendarEdit.php に渡すことで、スケジュール編集用のサブウィンドウを表示させます（図 10.6）。関数 window.open では、ウィンドウの幅、高さを指定し、top と left により表示する位置を画面の中央になるように設定しています。

JS chapter10/calendar.js

```
    ・・・
39  function draw( holiday, schedule ) {

        ・・・表示部分は省略・・・

88      $('.day').on('click', function() {
89          windowOpen($(this).prop('id'));
90      });
91
92      $('#ok-button').on('click', function() {
93          windowClose();
94      });
```

```
95  }
96
97  function windowOpen(id) {
98      let url = 'calendarEdit.php?id=' + id;
99      const left = (screen.width - 600) / 2;
100     const top = (screen.height - 320) / 2;
101     window.open(url, null, 'width=600,height=320,top=' + top + ',left=' + left);
102 }
    ...
```

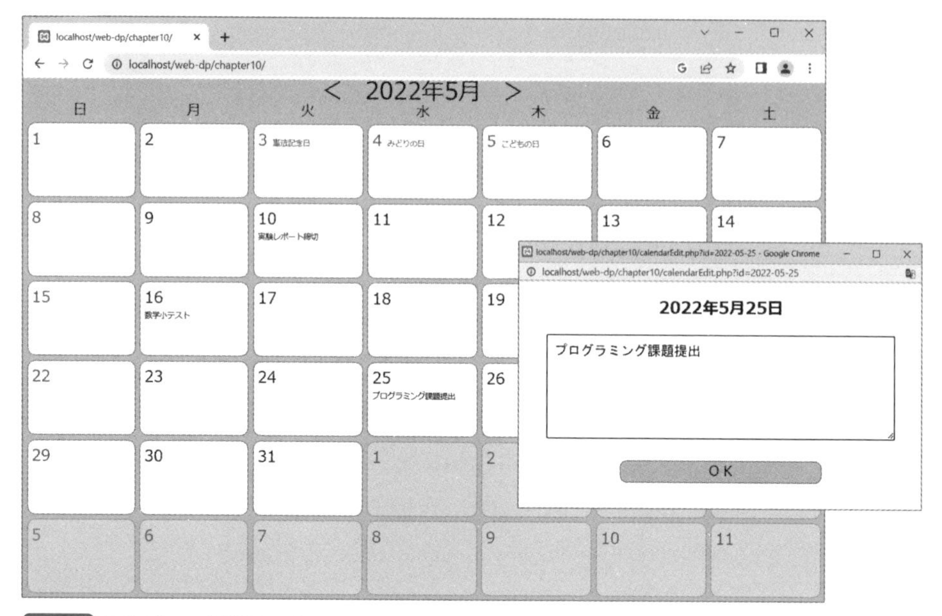

図10.6 スケジュール管理アプリ

calendarEdit.php では、関数 getSchedule により、データベースから年月日を条件として検索し、スケジュールデータを取得したものを編集ウィンドウの textarea タグのテキストボックス内に表示させます。その際、textarea においては改行は "\n" を使用するため、
 コードを "\n" に変換します。

PHP chapter10/calendarEdit.php

```
1   <?php
2       $id = $_GET['id'];
3       list($year, $month, $day) = explode('-', $id);
4
5       function getSchedule($date) {
6           $pdo = new PDO('sqlite:calendar.db');
7           $stmt = $pdo->prepare('SELECT date, title FROM schedule WHERE date = :date');
8           $stmt->bindValue(':date', $date, PDO::PARAM_STR);
9           $stmt->execute();
10          $result = $stmt->fetchAll();
11          foreach($result as $row) {
12              return $row['title'];
13          }
14          return '';
15      }
16  ?>
```

```
17
18 <!DOCTYPE html>
19 <html>
20     <head>
21         <meta charset="utf-8">
22         <link rel="stylesheet" href="calendarEdit.css">
23         <script src="jquery-3.6.0.min.js"></script>
24         <script src="calendar.js"></script>
25     </head>
26     <body>
27         <center>
28         <input type="hidden" id="id" value="<?php print $id; ?>">
29         <h2><?php print $year .'年' . intval($month) . '月' . intval($day) . '日';
?></h2>
30         <textarea id="content"><?php
31             $content = getSchedule($id);
32             print str_replace('<br>', "\n", $content);
33             ?></textarea>
34         <br><br>
35         <div id="ok-button"> O K </div>
36         </center>
37     </body>
38 </html>
```

CSS chapter10/calendarEdit.css

```
1  #content {
2      width: 500px;
3      height: 130px;
4      font-size: 20px;
5      line-height: 25px;
6      text-align: left;
7      padding: 10px;
8  }
9
10 #ok-button{
11     width: 300px;
12     height: 30px;
13     font-size: 20px;
14     line-height: 30px;
15     background-color: #d0d0d0;
16     border: 1px solid #606060;
17     border-radius: 10px;
18     text-align: center;
19     cursor: pointer;
20 }
21
22 #ok-button:hover {
23     background-color: #e0e0e0;
24 }
```

図 10.6 でサブウィンドウの「OK」ボタンを押すと、calendar.js の関数 windowClose が実行されます。関数 windowClose の中で、calendarEdit.php の 28 行目にある <input type="hidden" で定義した id="id" の値により、日付の文字列を取得します。また、入力された文字列の改行コードを
 に変換したものを求めます (A)。

calendarUpdate.php が実行され、データベースの値が更新されます。更新が終了すると、編集ウィンドウを呼び出したメインのウィンドウに対して、カレンダーを表示するように指示を出します。

JS chapter10/calendar.js

```
    ...
103
104 function windowClose() {
105     const id = $('#id').val();
106     let content = $('#content').val();                        ┐(A)
107     content = content.replace(/\n/g, '<br>');                 ┘
108
109     const ajaxParam = {
110         url: 'scheduleUpdate.php',
111         type: 'get',
112         datatype: 'text',
113         data: {id:id, content:content}
114     }
115     $.ajax(ajaxParam)
116         .done( function(txt) {
117             let ary = id.split('-');
118             let year = parseInt(ary[0])
119             let month = parseInt(ary[1])-1;
120             window.opener.drawCalendar( new Date(year, month, 1) );
121             self.close();
122         });
123 }
```

calendarUpdate.php では、データベースの値を更新します。

SQL 文によりデータを更新しますが、その日付のデータがない場合は insert 文により新規のレコードを追加します。$content が空文字の場合は、delete 文によりレコードを削除します。すでにデータがある場合は、update 文によりデータを更新します。

また、複数の人が同時に更新処理を行うことを回避するために、正常に更新できない場合、1 ミリ秒（1000 マイクロ秒）待って再度処理するようにプログラムしています。

PHP chapter10/calendarUpdate.php

```
 1 <?php
 2     $retry_count=10;
 3     $retry_wait_ms=10;
 4     while(true) {
 5         try{
 6             $pdo = new PDO('sqlite:calendar.db', '', '',
 7                 array(PDO::ATTR_ERRMODE => PDO::ERRMODE_EXCEPTION));
 8             $pdo->beginTransaction();                 // トランザクション開始
 9             setDatabase($pdo);
10             $result = true;
11             $pdo->commit();                           // コミット
12         }
13         catch(PDOException $e) {
14             $pdo->rollBack();                         // ロールバック
15             $result = false;
16             print $e->getMessage();
17         }
18         if (!$result && $retry_count > 0){
19             usleep($retry_wait_ms * 1000);
```

```
20              $retry_count--;
21          }
22          else {
23              break;
24          }
25      }
26      print $result;
27
28      function setDatabase($pdo) {
29          $date = $_GET['id'];
30          $content = $_GET['content'];
31          $stmt = $pdo->prepare('SELECT count(date) FROM schedule WHERE date = :date');
32          $stmt->bindValue(':date', $date, PDO::PARAM_STR);
33          $stmt->execute();
34          $num = $stmt->fetchColumn();
35          if ($num==0 && $content!='') {
36              $stmt = $pdo->prepare('INSERT into schedule (date, title) values(:date, :
title)');
37              $stmt->bindValue(':date', $date, PDO::PARAM_STR);
38              $stmt->bindValue(':title', $content, PDO::PARAM_STR);
39          }
40          else {
41              if ($content!='') {
42                  $stmt = $pdo->prepare('UPDATE schedule SET title = :title WHERE date =
:date');
43                  $stmt->bindValue(':date', $date, PDO::PARAM_STR);
44                  $stmt->bindValue(':title', $content, PDO::PARAM_STR);
45              }
46              else {
47                  $stmt = $pdo->prepare('DELETE FROM schedule WHERE date = :date');
48                  $stmt->bindValue(':date', $date, PDO::PARAM_STR);
49              }
50          }
51          $stmt->execute();
52      }
53  ?>
```

これで、本書の説明はすべて終了です。最後のChapter 10では大きな例題として、カレンダー型のスケジュール管理アプリを作成しました。月単位でカレンダーが表示され、その中に祝日が表示され、予定を入力できるWebページが完成しました。HTMLやCSSを使った画面のデザイン、Webブラウザの画面を制御するJavaScript、Webサーバとのやり取りを行うAjax、Webサーバ内の処理を行うPHP、データベースの処理を行うSQLite...。これらの技術要素が連携してはじめて、一つのWebアプリケーションが完成します。連携することの重要さを感じ取っていただけたなら幸いです。

このアプリケーションでは、それぞれの日には複数行の情報を登録することができますが、例えば、時間ごとのスケジュールやアルバイトの予定のように、入力項目を分けて登録することはできません。現在のcalendar.dbのscheduleテーブルにカラムを追加し、それらに対応した編集のためのウィンドウ画面を作り、カレンダー上の表示方法を工夫することで、より使いやすいスケジュール管理アプリに拡張することができると思います。ぜひチャレンジしてみてください。

練習の答え Answer

練習1

①meta　文字エンコードを指定するため、<meta charset="utf-8">を記述します。

②練習問題　<title>～</title>において、ブラウザのタブ部分に表示するタイトルを指定します。

③body　ページの内容は、<body>～</body>の中に記述します。

④/body　<body>の終了タグです。

⑤href　<a>タグ（アンカータグ）で、ジャンプ先を指定するときにhref=を使います。hrefはhypertext referenceの略で、ハイパーテキストの参照先という意味です。

⑥/a　<a>の終了タグです。

⑦ul　箇条書き（番号なしのリスト）は、<ul>タグを使います。

⑧/ul　<ul>の終了タグです。

⑨table　表は<table>タグを使います。

⑩td　<td>により、表のデータを定義します。tdはtable dataの略です。

練習2

①stylesheet　CSSファイルを関連付けるためにrel="stylesheet"と指定します。

②ex2.css　CSSファイル名を指定します。

③class　HTMLのclass属性を使い、class="shurui"とすることで、CSSのセレクタ.shuruiのスタイルが適用されます。これにより、「100メートル走」の部分の文字の大きさが40pxとなります。

④id　CSSファイルに#satouの定義があるので、idを指定し、id="satou"とします。

⑤.kiroku　記録部分には、class="kiroku"の指定があります。クラスの場合は.（ドット）を付ける必要があるため、CSSのセレクタとしては.kirokuを指定することになります。

⑥calc(100vh - 40px)　ビューポートの高さの100%から40pxを引く計算式を、calcを使って定義します。-（マイナス）部分の左右には必ずスペースを入れてください。

⑦calc(50% - 10px)、calc(100%/2 - 10px)、calc((100vw - 10px)/2 - 10px)のいずれでも可

.kirokuのdiv要素（親要素）のpadding属性が5pxなので、.kiroku div（子要素）では、両側を合わせて10px分内側に入った幅となります。親要素の半分のサイズ（50%）から10pxを引く計算式を定義します。vwを使って表現することもできます。

⑧calc(50% - 10px)、calc(100%/2 - 10px)、calc((100vh - 50px)/2 - 10px);のいずれでも可

⑦と同様に高さ方向も親要素の半分のサイズから10pxを引く計算式を定義します。

⑨float　左から詰める形で、レイアウトを行うため、float: left;が必要です。

⑩color　佐藤一郎の枠内の文字の色は白なので、color: white;を指定します。

練習3

①viewport　<name="viewport" content="width=...>のように指定します。

②device-width　width=devie-widthを指定します。

③fruits-list　CSSファイルの中に、.fruits-listの定義があるため、class="fruits-list"と指定します。

④5px　class="fruits-list"の内側の余白（padding）を5pxとします。

⑤div　div要素の中のdiv要素（子要素）に対する指定なので、divを指定します。

⑥((100vw - 10px)/4 - 10px)　calc以降の指定は、画面いっぱい（ビューポートの100%）のサイズからclass="fruits-list"で指定した親要素の両サイドの内側の余白（padding）を引いたものを4等分し、子要素の両サイドの外側の余白（margin）を引いたものとします。-（マイナス）演算子の左右には、必ずスペースを入れてください。練習2の⑦と同様の方法で(25% - 10px)のようにした場合、高さが取得できず、正常に表示されません。

⑦5px　子要素のdiv要素の外側の余白（margin）を5pxとします。

⑧float　左寄せによる配置なので、float: left;を指定します。

⑨max-width　メディアクエリとして、最大の幅が768pxとなる条件を指定します。

⑩((100vw - 10px)/3 - 10px)　⑥では4等分にしているところを3等分にします。

練習4

①length　文字列の長さが格納されたプロパティです。

②bed-room　文字列の置換によりlivingがbedに置き換わります。

③12　1という文字と（1+1）の計算結果の2を並べた文字となります。

④30　aは111になるので、if文の中に入り、20に10を足した結果となります。

⑤5　出力結果を見ると、n=0からn=4までの5行が出力されているので、n<5という繰り返し条件を作る必要があります。

⑥n++　ループが繰り返すたびに、n++を行う必要があります。

⑦15　変数abcは最初10ですが、++により1を足す処理が5回繰り返され、15となります。

⑧test1　関数を呼び出します。

⑨return　戻り値を設定して、関数を終了します。

⑩410　関数test1の中では、引数xが100、yが100、zが200として処理され、aの値が10＋100＋100＋200により410となります。その値を⑨のreturnにより戻り値として設定するので、410がrに代入されることになります。document.write(r)により410が出力されます。

練習5

①30 40　abc[2]は3番目の要素なので30、abc[3]は4番目の要素なので40で、これをスペースでつないだ表示となります。

②test1.orange、test1['orange']、test1["orange"]のいずれでも可　出力結果が20なので、連想配列のキー名がorangeを出力する必要があります。

③abc　最大値を求めるプログラムです。if文の中には、配列abcのi番目の要素abc[i]がmaxより大きいときという文を入れます。そのため、③にはabcという文字が入ります。

④ i　if文の判定で abc[i]<max が true のとき、max=abc[i]; を実行することで最大値を更新します。④には i が入ります。

⑤ v　for-of ループでは、var の次にデータのための変数名を、of の次に配列名を指定します。次の行で v として表示を実行しているので、データのための変数は v となります。

⑥ of　for-of ループなので、of を入れます。

⑦ abc　for-of ループの配列名は abc となります。

⑧ data['A0003']、data["A0003"]、data.A0003 のいずれでも可　A0003 の学生の理科 (rika) の点数なので、連想配列 data のキー名 A0003 を指定します。data.'A0003' や data[A0003] は間違いです。

⑨ data['A0003']、data["A0003"]、data.A0003 のいずれでも可　⑧と同様、連想配列 data のキー名 A0003 の値を指定します。data.'A0003' や data[A0003] は間違いです。

⑩ subject　for-in ループでは、キー名として subject という変数を使っているので、data['A0003'][subject] となります。'subject' や Subject は間違いです。

練習6

① function　ブラウザが表示された直後に実行する処理を定義するときに$(function() { ... }); を用います。

② on　イベントが発生したときの処理を定義するときに用います。

③ 'click' または "click"　ボタンをクリックしたときの処理を定義するときに用います。

④ '#size' または "#size"　テキストボックスは id="size" なので、その入力された文字列を取得するために、'#size' を指定します。'（シングルクォーテーション）か "（ダブルクォーテーション）で囲んだ文字列でないと不正解です。

⑤ val ()　テキストボックスに入力した文字列を取得するために用います。

⑥ '#color-area' または "#color-area"　色と大きさを変更するボックスの id を指定します。

⑦ css　css({ 連想配列 }) により、ボックス、背景色や枠の幅・高さを指定します。

⑧ background-color または background　ボックスの背景色をブルーに設定します。

⑨ width　CSS の width 属性（幅）に、ユーザが入力ボックスに入力した数値 size をセットします。

⑩ height　CSS の height 属性（高さ）に、ユーザが入力ボックスに入力した数値 size をセットします。

練習7

① print または echo　画面に出力する場合、print か echo を用います。

② @A100XYZ　変数 $a を出力した結果を問う問題です。.= は文字列を加える処理なので、for ループで連結された結果が答えとなります。

③ isset　$_GET オブジェクトがあるかどうかを判定します。

④ 'data' または "data"　ex7-2.php?data=ABC となっているので、$_GET['data'] により値を取得します。"data" でも可。クォーテーションのない data では文字列とならないので間違いです。'Data' も間違い（大文字小文字を区別します）です。

⑤ intval　$_GET['data'] は文字列としての 10 であるので、関数 intval を使って、整数に変換することが必要です。

⑥ 5　$data=100 のとき出力結果が 500、$data=10 のとき出力結果が 50 なので、$data に 5 を掛けた数が出力されていることがわかります。

⑦ str_replace　'go' という文字を ' 行け ' という文字に変換します。

⑧ $txt　str_replace では、変換前、変換後、対象となる文字列の順に引数を渡します。

⑨ file_put_contents　ファイルを保存するための関数です。

⑩ FILE_APPEND　ファイルに対して文字列が追加されることより、FILE_APPEND のオプションを指定します。

練習8

① 'ex8.php' または "ex8.php"（大文字でも実行されます）　Ajax により実行するサーバサイドのプログラムを指定します。ファイル名の文字列のため、シングルクォーテーションかダブルクォーテーションが必要です。

② data　サーバサイドのプログラムにデータを渡すときに使用します。

③ 200　出力結果が 20000 となっており、ex8.php の中では掛け算が行われているので、キー y に対する値は 200 となります。

④ param　ex8.js では、Ajax のパラメータ、変数 param で定義されています。

⑤ '#result' または "#result"　出力処理を行っている部分は、<div id="result"></div> なので、'#result' を指定します。'（シングルクォーテーション）か、"（ダブルクォーテーション）が必要です。

⑥ html　jQuery の div タグの中身を更新するメソッドは html です。

⑦ txt　Ajax が成功した後に function の引数（ここでは txt）に値がセットされます。その変数 txt を使って、⑥のメソッド html により画面に結果を表示しています。

⑧ intval　$_GET で取得するのは文字列なので、数値に変換することで掛け算が実行可能となります。

⑨ $_GET　GET 送信により渡されたデータを取得する関数です。

⑩ print または echo　PHP プログラム上で出力した内容が、.done(function(txt) { ... } の txt 部分に反映されます。

練習9

① getElementById　id=container の要素を取得します。

② elem.width　要素 elem の幅を指定します。

③ elem.height　要素 elem の高さを指定します。

④ w　クリアする領域の幅を指定します。

⑤ h　クリアする領域の高さを指定します。

⑥ ctx.moveTo　i が 0 のときは指定した座標に移動させます。

⑦ ctx.lineTo　i が 0 以外のときは指定した座標に線を引きます。

⑧ ctx.stroke　stroke により作図を実行。ctx に対してメソッドを呼び出す必要があります。

⑨ arc　円は、円弧メソッドで作図します。

⑩ 2*Math.PI または Math.PI*2　円は、0 から 2π ラジアンの円弧として作図します。

Index

著者略歴
村上祐治（むらかみ・ゆうじ）
東海大学文理融合学部人間情報工学科 教授、博士（工学）
1983年　熊本大学工学部建築学科 卒業
1985年　熊本大学大学院工学研究科建築学専攻 修士課程修了
1985～1987年　株式会社水澤工務店
1987～2003年　株式会社構造計画研究所
1997年　熊本大学大学院自然科学研究科環境科学専攻 博士課程修了
2003年～　九州東海大学工学部建築学科 助教授、東海大学基盤工学部電気電子情報工学科 教授を経て、2022年から現職

著書
・「AutoCAD 3次元ハンドブック」（共著）、共立出版、1990
・「AutoCAD ADS入門」（共著）、オーム社、1992

はじめてのWebデザイン＆プログラミング
HTML、CSS、JavaScript、PHPの基本

2023年6月30日　第1版第1刷発行

著者　村上祐治

編集担当　村瀬健太（森北出版）
編集責任　富井　晃・宮地亮介（森北出版）
組版　双文社印刷
印刷　シナノ印刷
製本　同

発行者　森北博巳
発行所　森北出版株式会社
〒102-0071　東京都千代田区富士見1-4-11
03-3265-8342（営業・宣伝マネジメント部）
https://www.morikita.co.jp/

Printed in Japan
ISBN 978-4-627-85721-6